高职高专机电类专业系列教材

# 机械制图项目教程习题集

主　编　朱春香　黄小军

副主编　熊　霞　叶　波　娄明山　李　奇

参　编　刘真挚　刘炽健

主　审　李　娇

西安电子科技大学出版社

## 内 容 简 介

本习题集的内容与《机械制图项目教程》(李娇、刘柏海主编,西安电子科技大学出版社 2023 年 7 月出版发行)一一对应且相辅相成,主要包括平面图形、零件图样、零件轴测图、轴套类零件图、轮盘盖类零件图、叉架类零件图、箱体类零件图、装配图等的绘制与识读,以及零件的测绘和标准件与常用件的绘制等内容。本习题集采用最新的国家标准,所编习题难度适中,且与生产实际紧密结合,突出了职业教育的特色。

本习题集可作为高职高专院校以及各类成人院校机械类及近机类专业教学用书,也可供有关工程技术人员参考。

**图书在版编目(CIP)数据**

机械制图项目教程习题集 / 朱春香,黄小军主编. --西安:西安电子科技大学出版社,2023.8
ISBN 978-7-5606-6944-1

Ⅰ.①机…  Ⅱ.①朱…  ②黄…  Ⅲ.①机械制图—高等职业教育—习题集  Ⅳ.①TH126-44

中国国家版本馆 CIP 数据核字(2023)第 116544 号

策　　划　秦志峰　杨丕勇
责任编辑　秦志峰
出版发行　西安电子科技大学出版社(西安市太白南路 2 号)
电　　话　(029)88202421　88201467　邮　　编　710071
网　　址　www.xduph.com　　　　电子信箱　xdupfxb001@163.com
经　　销　新华书店
印刷单位　陕西日报印务有限公司
版　　次　2023 年 8 月第 1 版　　2023 年 8 月第 1 次印刷
开　　本　787 毫米×1092 毫米　1/16　印　　张　15.5
字　　数　184 千字
印　　数　1~2000 册
定　　价　41.00 元
ISBN 978 - 7 - 5606 -6944-1 / TH

**XDUP 7246001-1**
*** 如有印装问题可调换 ***

# 前　　言

　　本习题集是按照高职高专应用型人才培养目标和特点，从高职院校的教学特点及学生的实际情况出发，并结合编者多年的教学经验编写而成的。

　　本习题集所给习题以应用为目的，以必需、够用为度，以培养技能为重点，遵循并贯彻"做中学""学中做"的教学理念。

　　本习题集内容由浅入深，循序渐进，重点突出，层次分明，增加了组合体、机件表达方法和识读、绘制零件图部分的习题，以培养学生的基本识图和绘图技能，为后续专业课的学习和就业打下良好基础。

　　本书由湖南生物机电职业技术学院的朱春香、黄小军担任主编，湖南生物机电职业技术学院的熊霞、叶波、娄明山、李奇担任副主编，参加编写的还有湖南生物机电职业技术学院的刘真挚、刘炽健。湖南生物机电职业技术学院李娇担任主审。

　　由于编者水平有限，书中难免存在不足之处，敬请读者批评指正。

编　者

2023 年 4 月

# 目　　录

# 项 目 一

## 平面图形的绘制

字体工整笔画清楚间隔均匀排列整齐机

横平竖直注意起落结构均匀填满方格机械制图零件装配轴

ABCDEFGHIJKLMNOPQRSTUVWXYZ

abcdefghijklmnopqrstuvwxyz

0123456789  0123456789  ⅠⅡⅢⅣⅤⅥⅦⅧⅨⅩ

## 1.2　尺寸标注练习

找出图中尺寸标注法的错误，按2：1画出此图并标注尺寸。

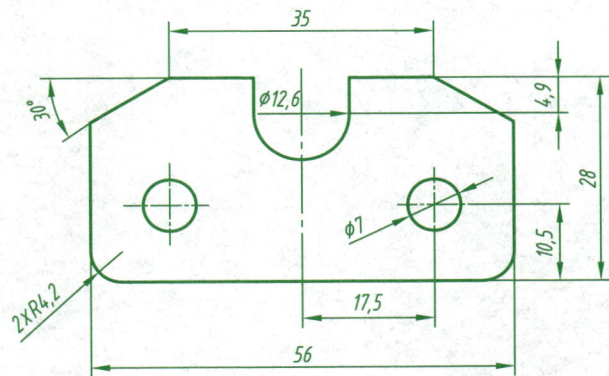

## 1.3 几何作图

1. 在指定的位置画出图线和图形。

(1) 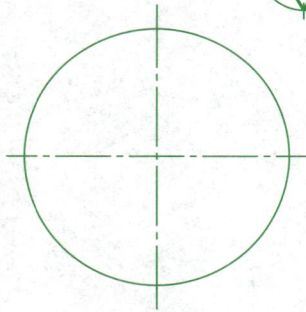    (2) 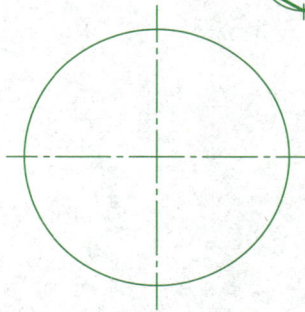    (3) 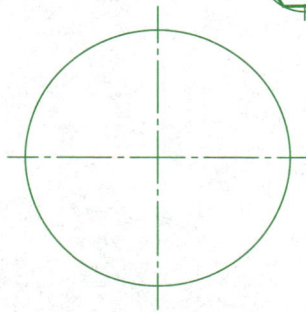    (4)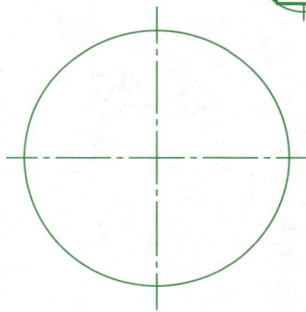

2. 用1：1的比例抄画下图。

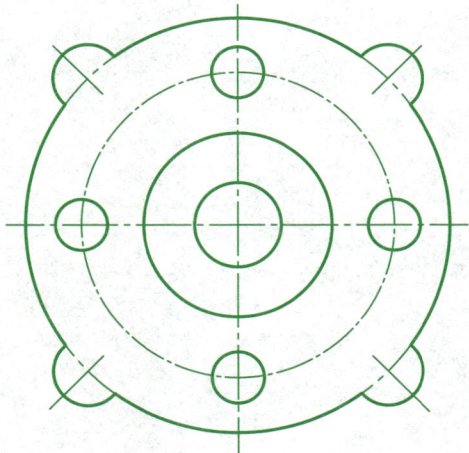    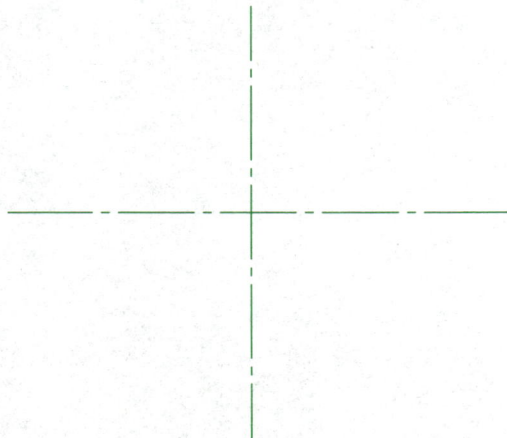

2. 按图中所给的尺寸，用1∶1的比例抄画图形，并标注斜度和锥度。

(1)

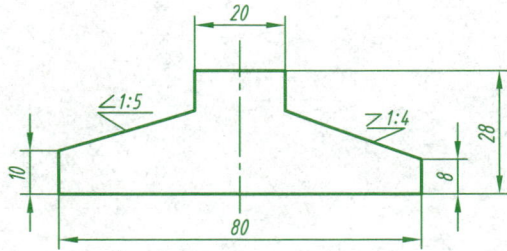

(2)

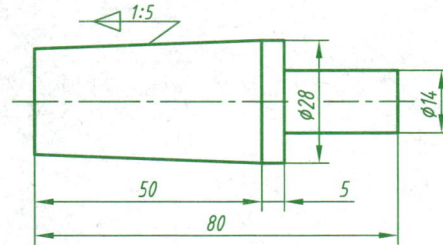

3. 按图中所给的尺寸，用1：1的比例画出平面图形。

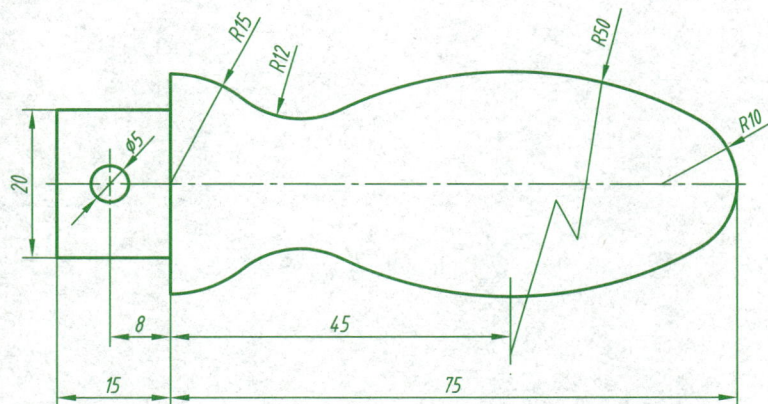

## 1.4 平面图形综合练习

### 作业指导

1. 作业目的。

(1) 熟悉平面图形的绘制步骤和尺寸标注。

(2) 掌握线段连接的作图方法及技巧。

2. 作业内容及要求。

(1) 按教师指定的题号绘制平面图形，并标注尺寸。

(2) 用A4图纸绘制，比例自定。

3. 作图步骤。

(1) 分析图形。读懂图形的构成，分析图形中的尺寸，确定线段的性质和作图步骤。

(2) 画底稿，具体步骤如下：

① 画图框和标题栏。

② 画出图中两个方向($X$、$Y$)的作图基准(常以对称中心线及圆的中心线为基准)。

③ 按已知线段、中间线段、连接线段的顺序画出图形。

④ 画出尺寸界线、尺寸线、箭头，填写尺寸数字。

(3) 检查底稿。

(4) 用铅笔描深加粗，填写标题栏。

(5) 校对、修饰图面。

4. 注意事项。

(1) 图形布置匀称。布图时应根据图形横向、纵向的总尺寸，留足标注尺寸的位置，画出两个方向的作图基准线。

(2) 画底稿图上的连接线段时，应准确找出圆心和切点。

(3) 描深图线时，同类线型同时描深，粗细一致，连接光滑。

(4) 箭头、字体应符合标准，尺寸标注应正确、完整。

(5) 画图时，要保持图面整洁，及时去掉铅笔粉末等。

(1)

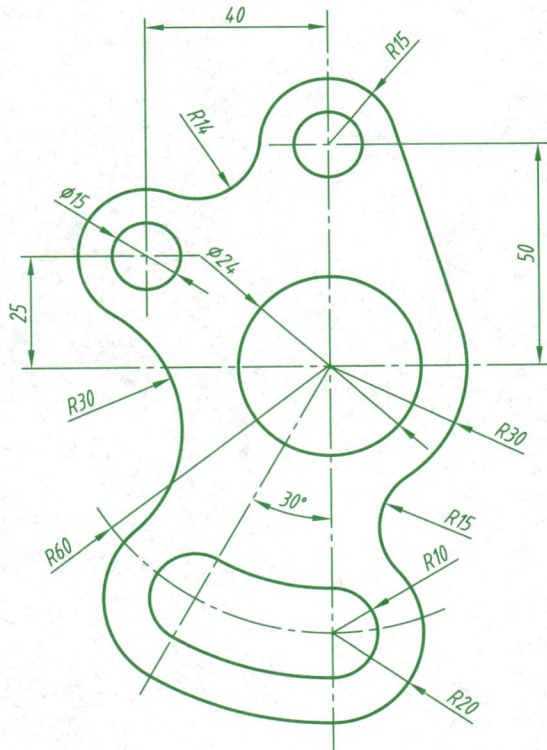

(2)

(3)

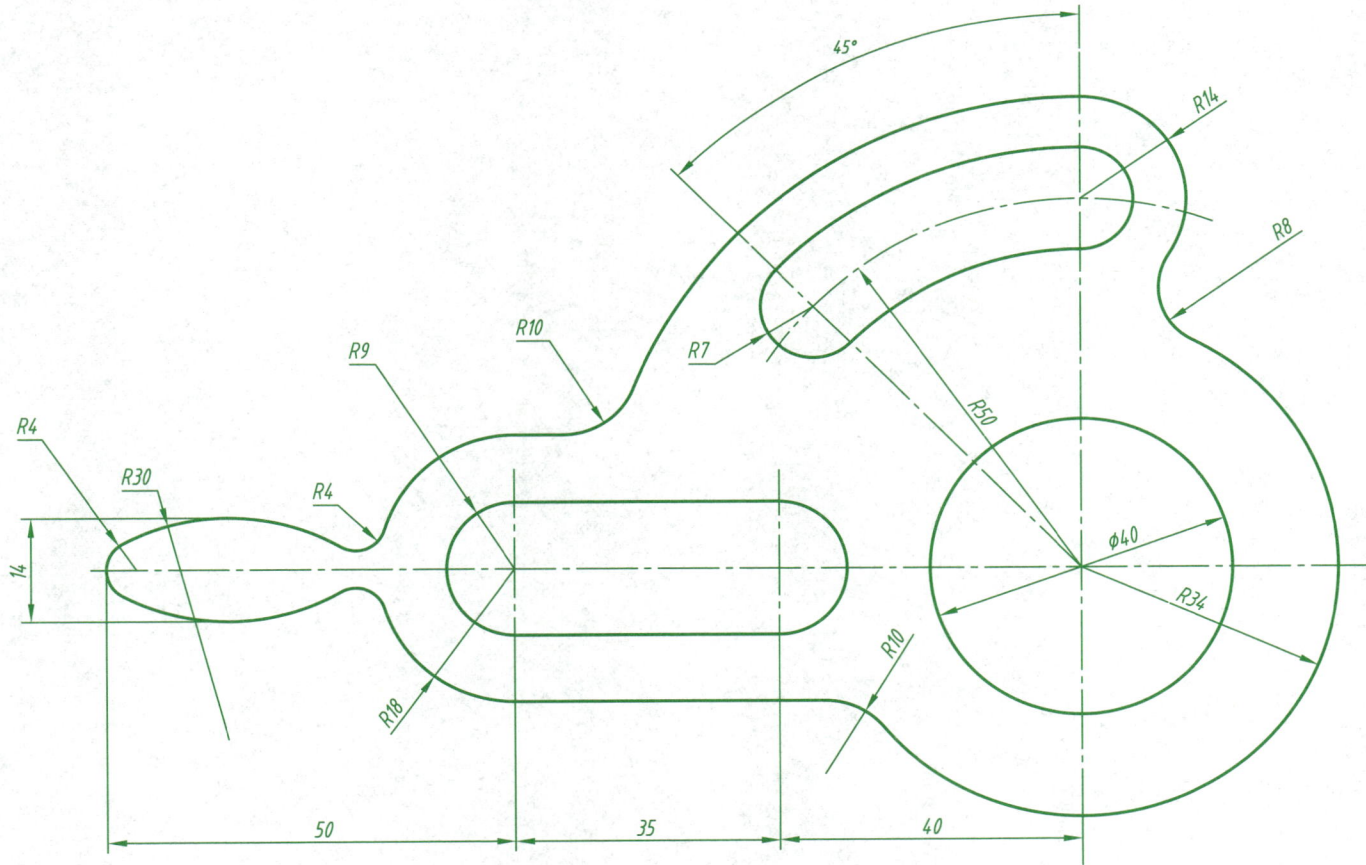

## 1.5 徒手绘图

按下图所示的图形及尺寸，在右边位置画出图形并标注尺寸。

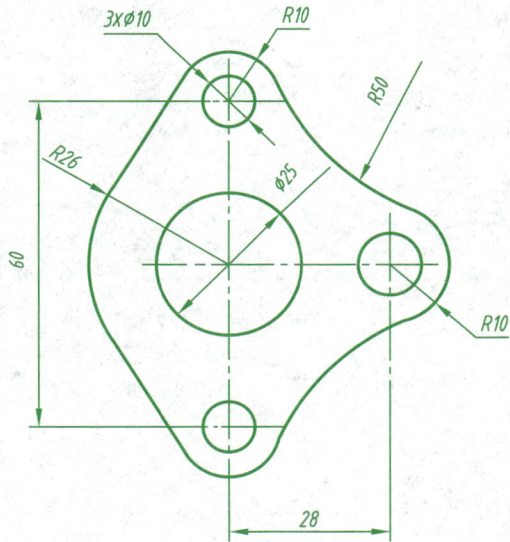

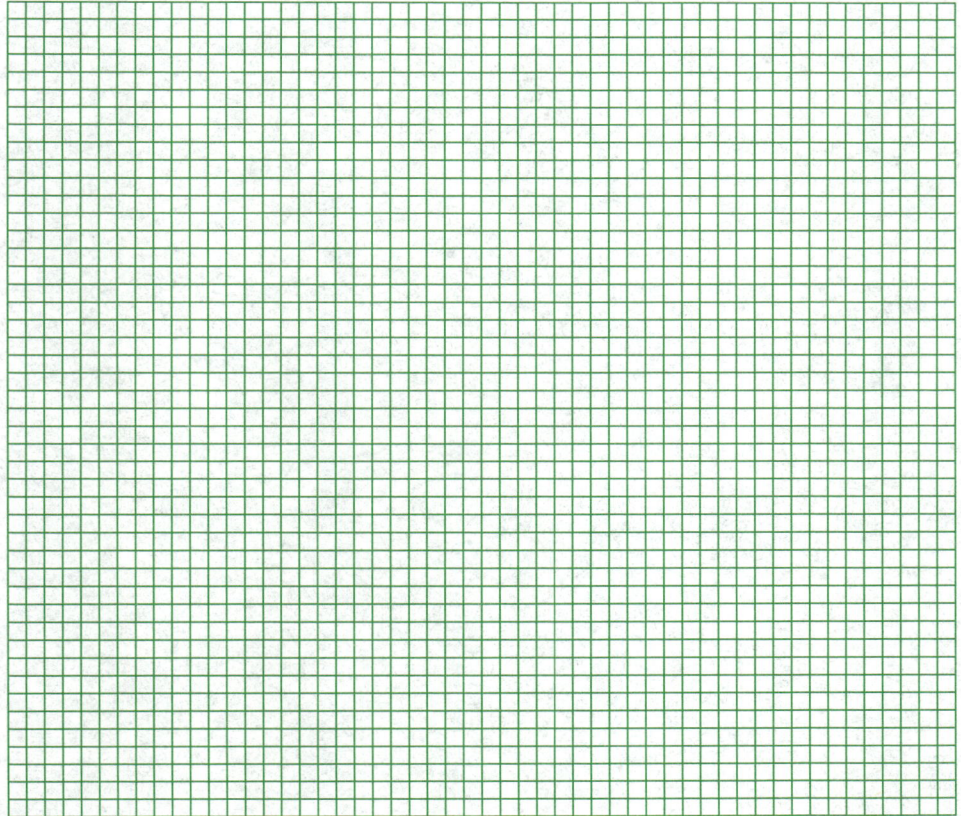

# 项　目　二

# 零件图样的绘制与识读

1. 在右边的立体图中找出其相应的三视图，将立体图的序号填写到其相对应的三视图的括号中。

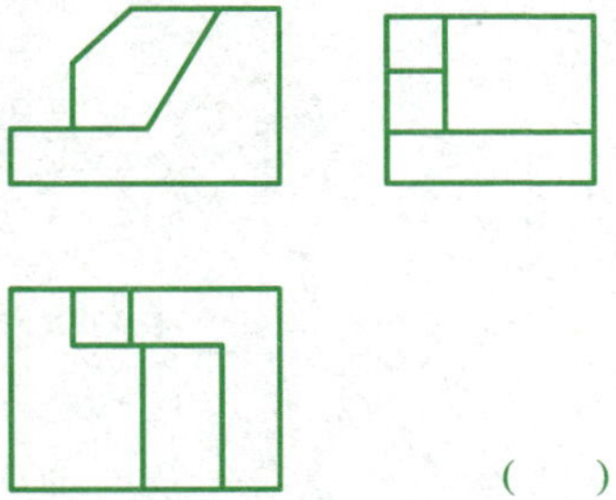

| | |
|---|---|
| ( ) | ( ) |
| ( ) | ( ) |
| ( ) | ( ) |

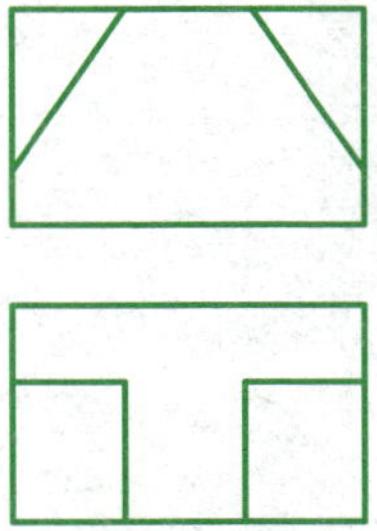

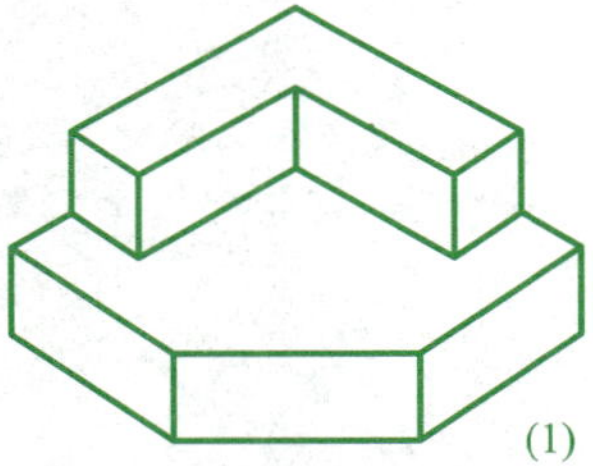

(1)

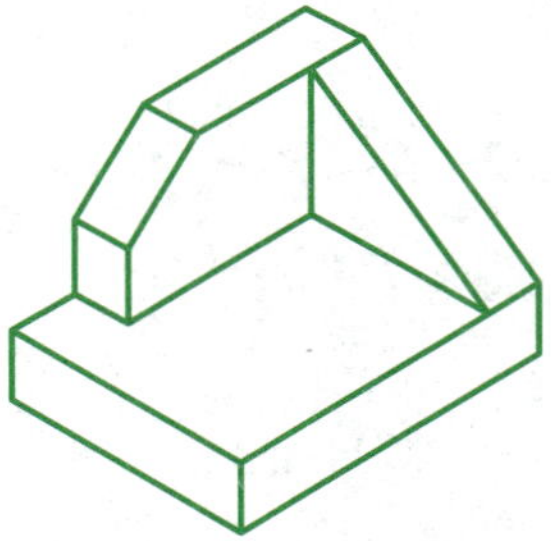

(4)

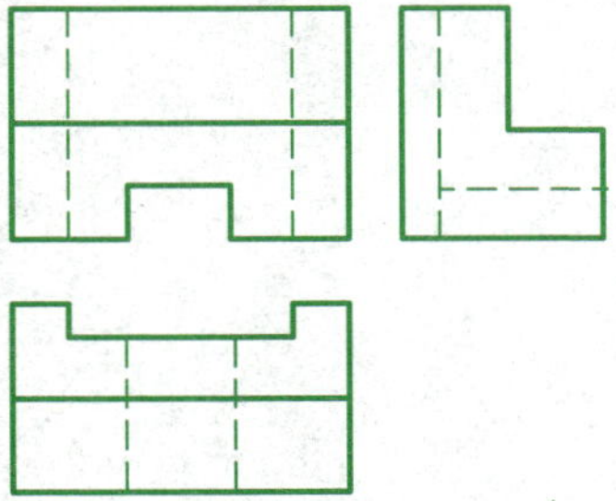

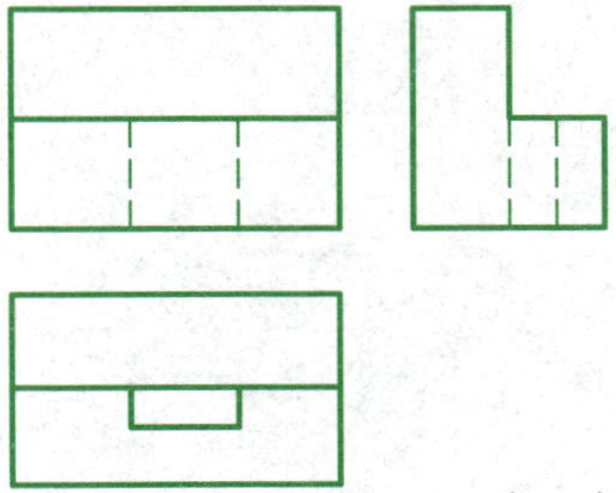

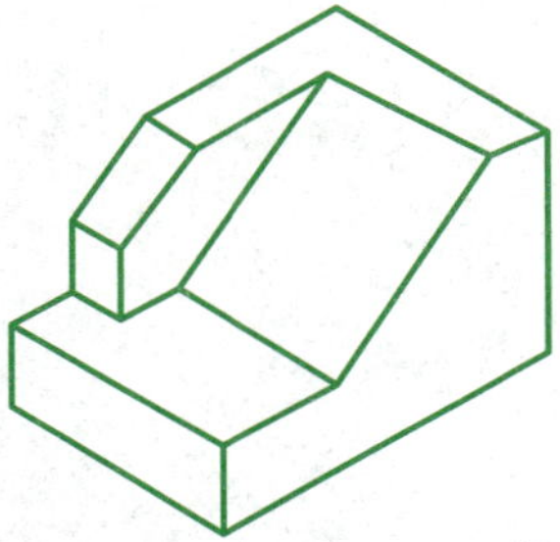

(2)

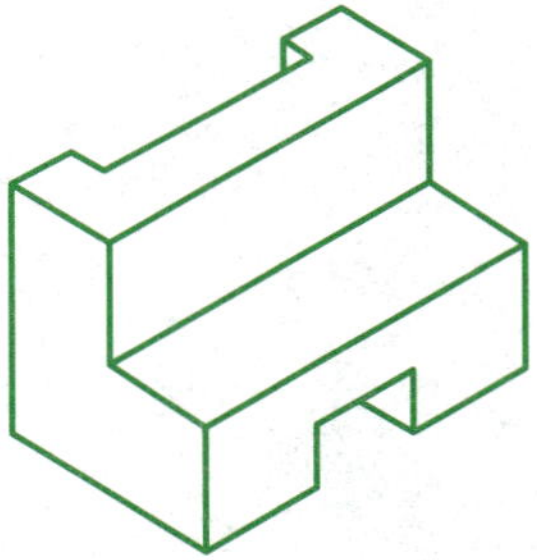

(5)

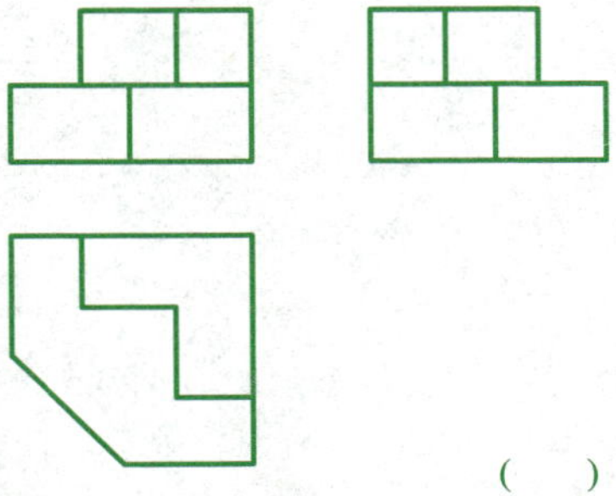

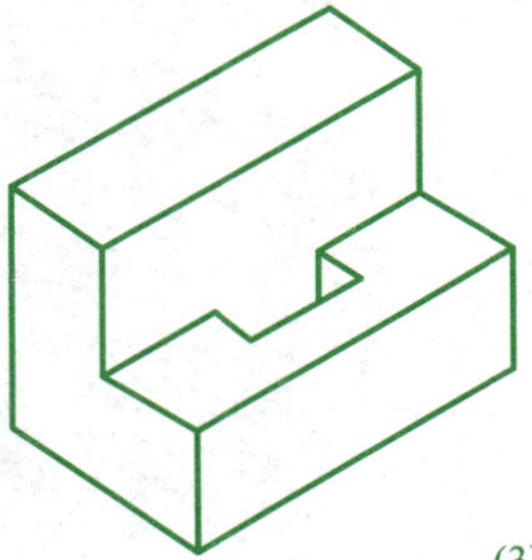

(3)

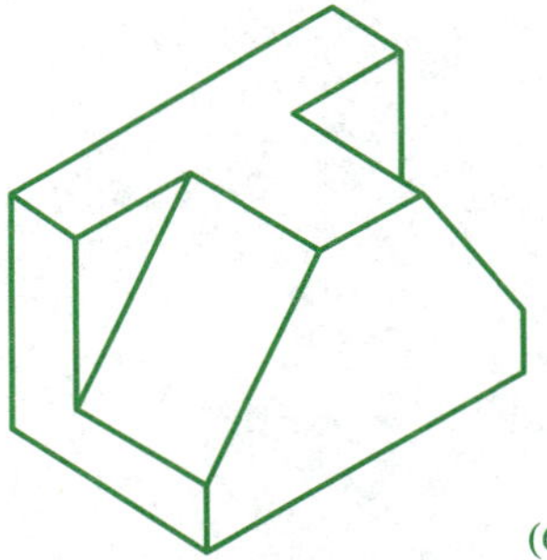

(6)

|  |  |  | (7) | (13) |
|---|---|---|---|---|
| (  ) | (  ) | (  ) | (8) | (14) |
| (  ) | (  ) | (  ) | (9) | (15) |
| (  ) | (  ) | (  ) | (10) | (16) |
| (  ) | (  ) | (  ) | (11) | (17) |
|  |  |  | (12) | (18) |

2. 根据立体图，补画出三视图中所缺的线。

(1)

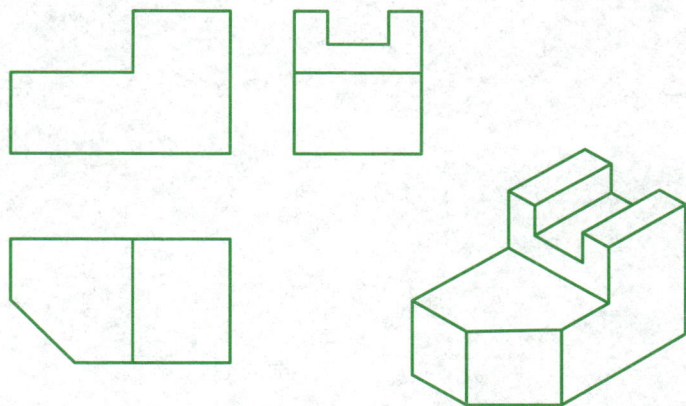

(2)

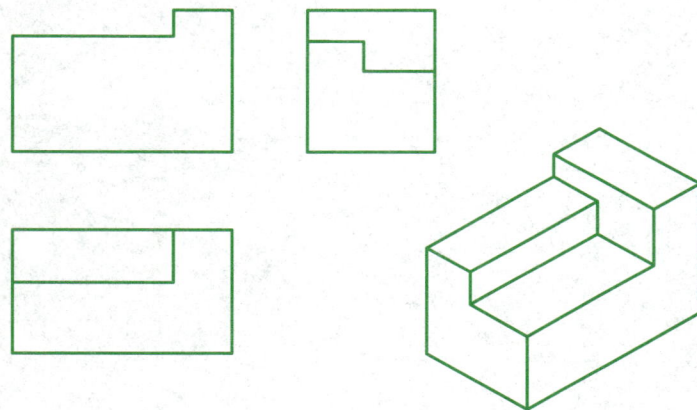

(3)

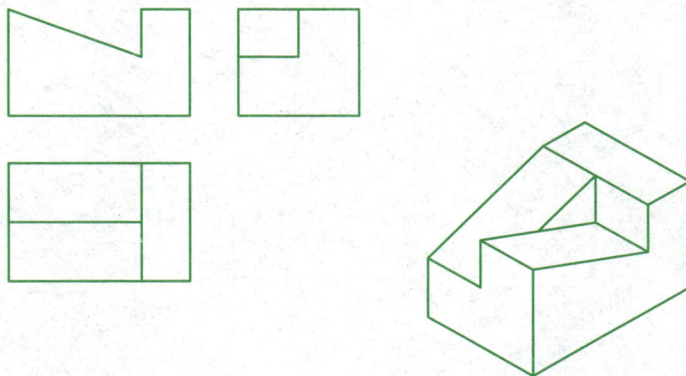

(4)

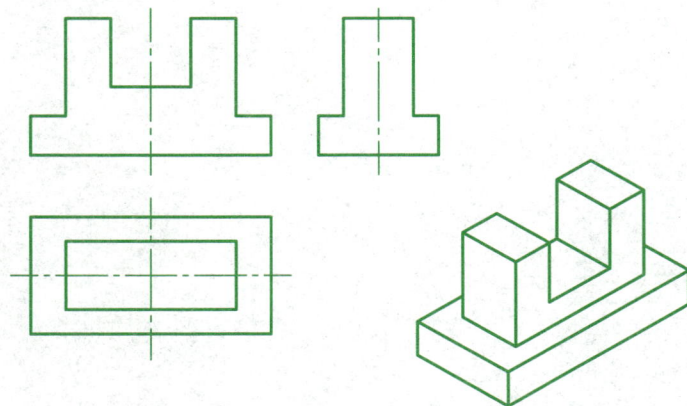

(5)

(6)

(7)

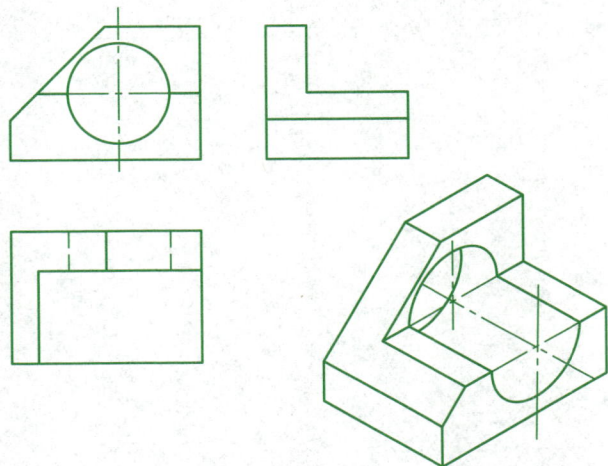

(8)

班级　　　　　　姓名　　　　　　学号　　　　　　—16—

3. 根据立体图，画出其三视图。

(1)

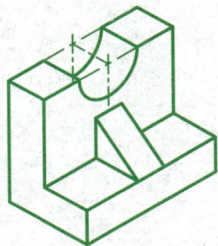

(2)

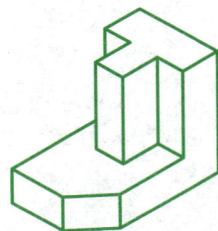

(3)

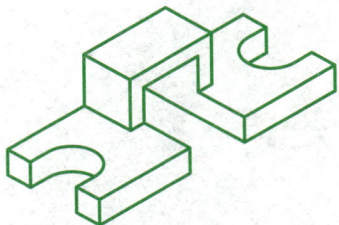

(4)

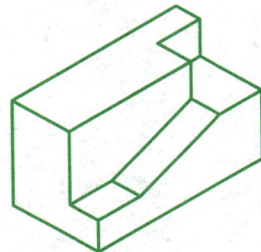

## 2.2 点的投影

1. 画出点A(32，15，20)、B(16，25，0)、C(0，0，15)的三面投影图和直观图。

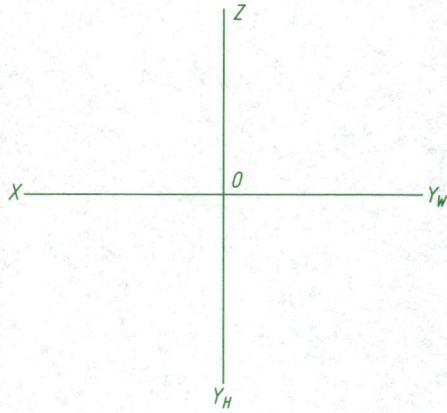

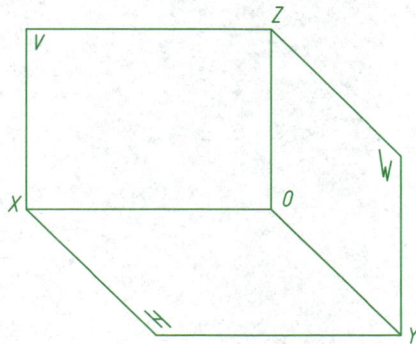

2. 已知点A在H面上方32，点B在H面上，点C与V面及W面等距，试完成各点的三面投影。

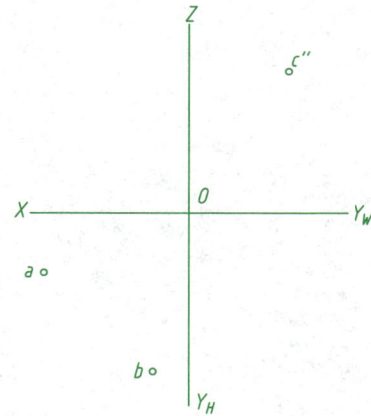

3. 已知点B在点A左15、下15及前15，点C在点A正右方8，试完成各点的三面投影。

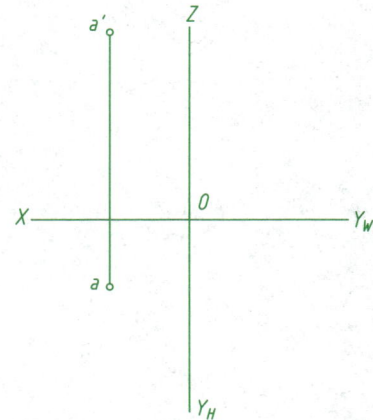

## 2.3 直线的投影

1. 判断各直线的类型，并作出它们的第三面投影。

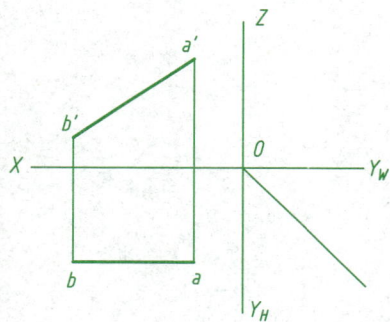

AB是 _____ 线。

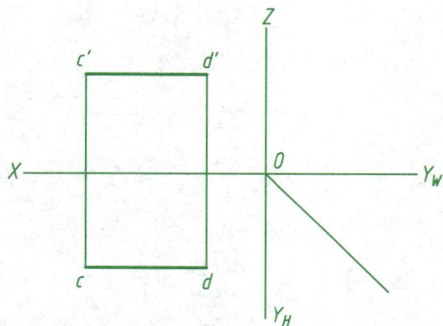

CD是 _____ 线。

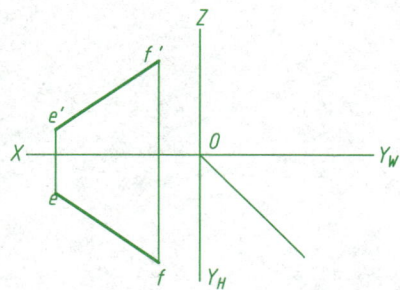

EF是 _____ 线。

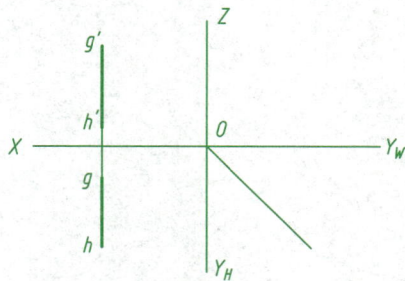

GH是 _____ 线。

2. 已知AB为水平线，长为32，B在A右后方，ΔY＝20；CD为正垂线，长为25，D在C之后，试完成它们的投影。

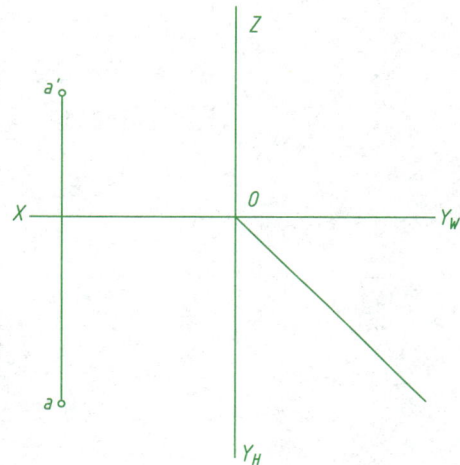

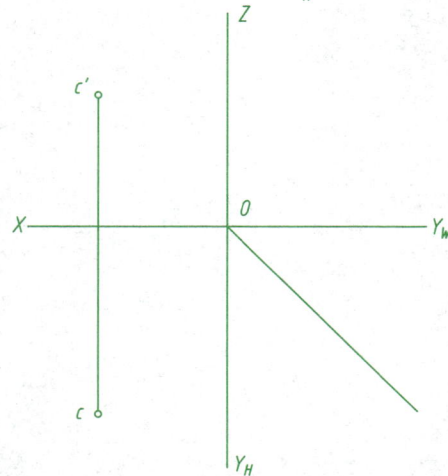

1. 指出下列平面与投影面的相对位置。

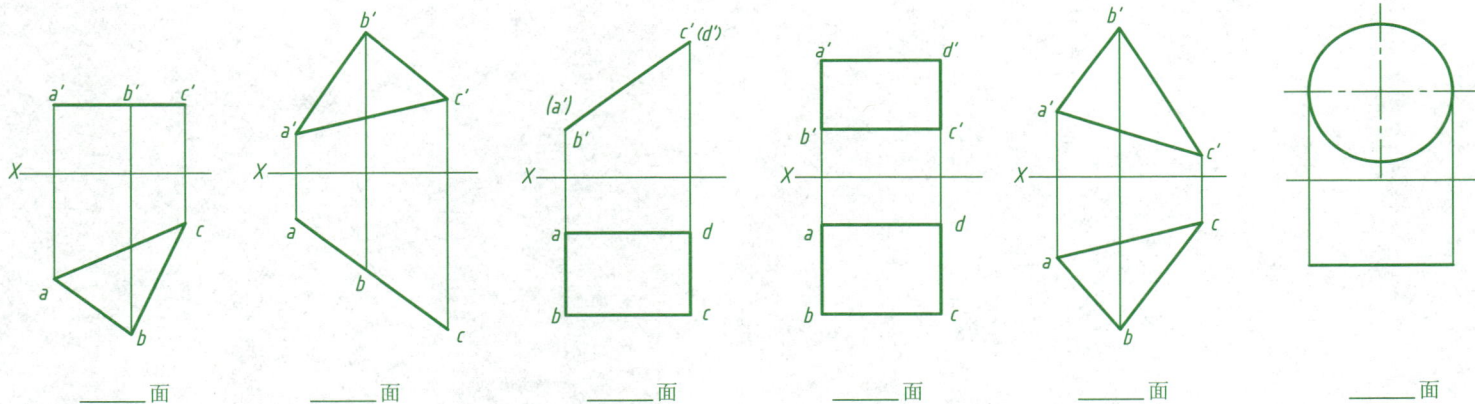

_____面     _____面     _____面     _____面     _____面     _____面

2. 在投影图上标出指定平面的其余两面投影，在立体图上用相应大写字母标出各平面的位置，并回答问题。

A是_____面；B是_____面；C是_____面。     A是_____面；B是_____面；C是_____面。

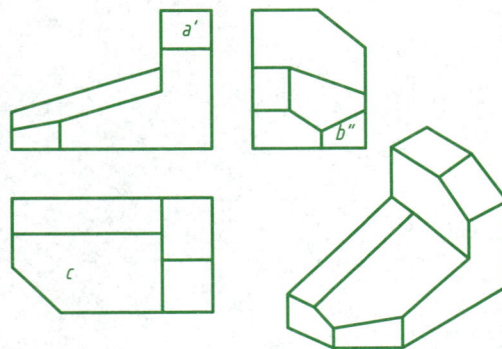

## 2.5 平面体的投影及表面取点

补画平面体的左视图和表面上点的另两面投影。

(1)

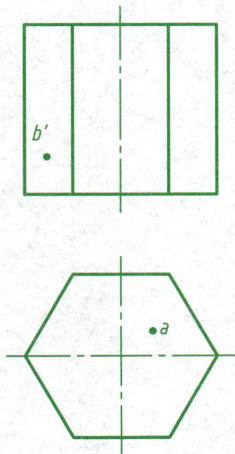

(2)

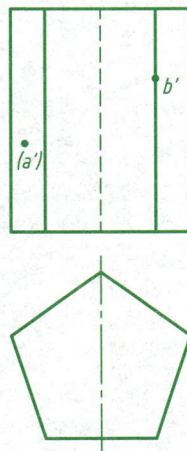

(3)

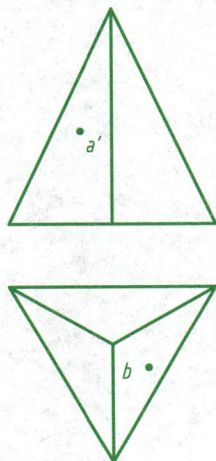

(4)

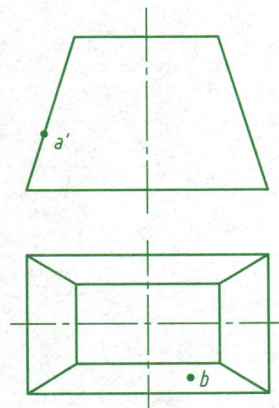

## 2.6 回转体的投影及表面取点

已知曲面立体表面点的一个投影，求作另两个投影。

(1)
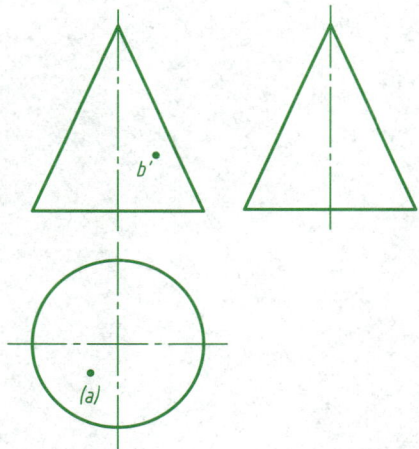

(2)
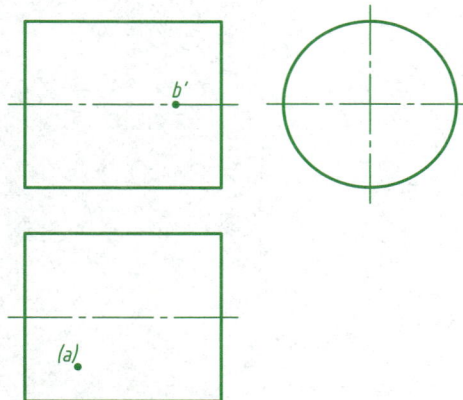

(3)
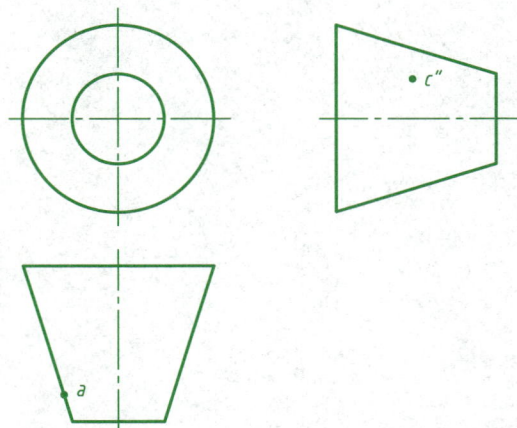

(4)
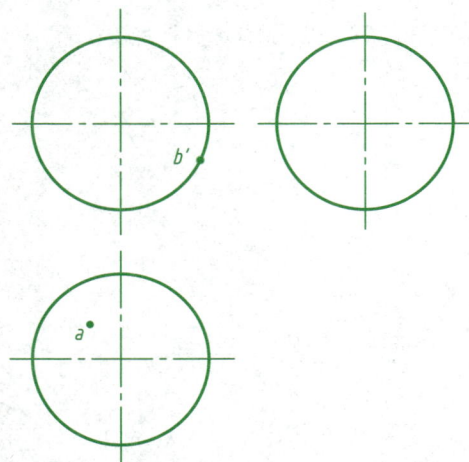

## 2.7 立体的截交线

1. 补全平面立体的三视图。

(1)

(2)
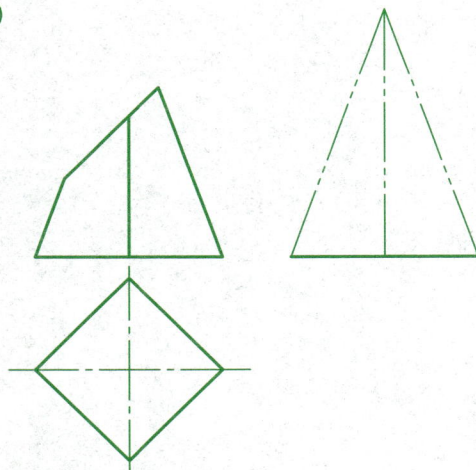

(3)
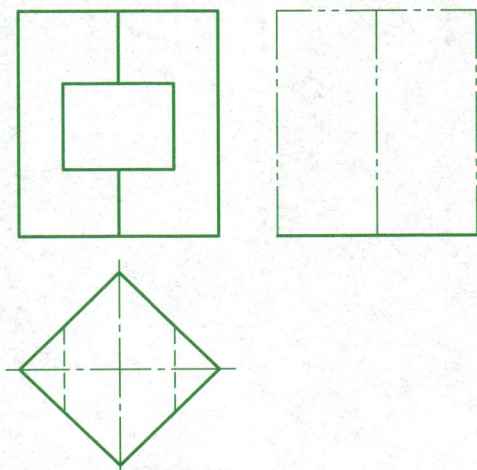

(4)
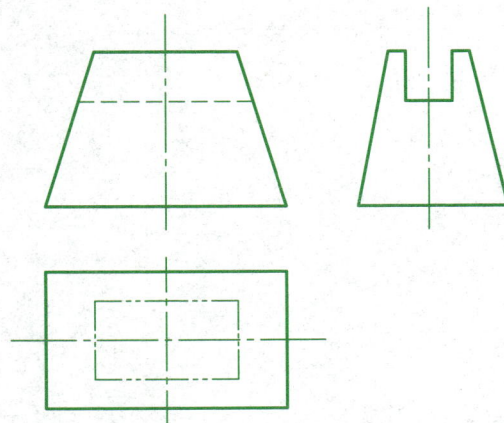

## 2.7　立体的截交线

(5)

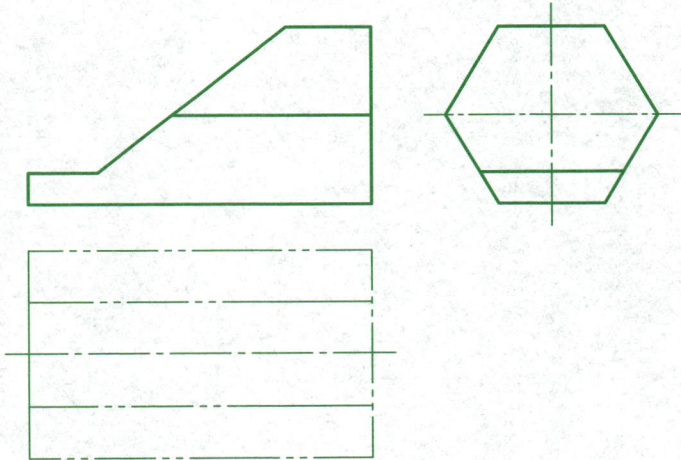

(6)

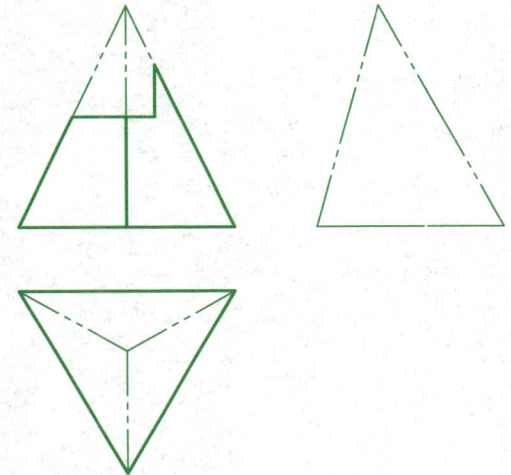

(7)

(8)

## 2.7 立体的截交线

2. 补全回转体的三视图。

(1)

(2)

(3)

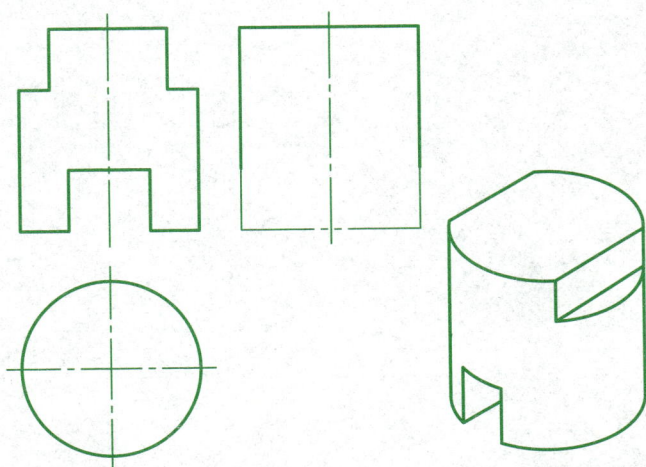

(4)

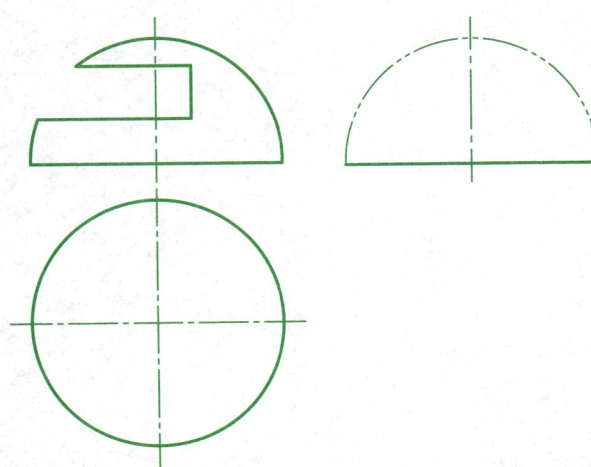

(5)

(6)

作立体的相贯线，并补全立体的三视图。

(1)

(2)

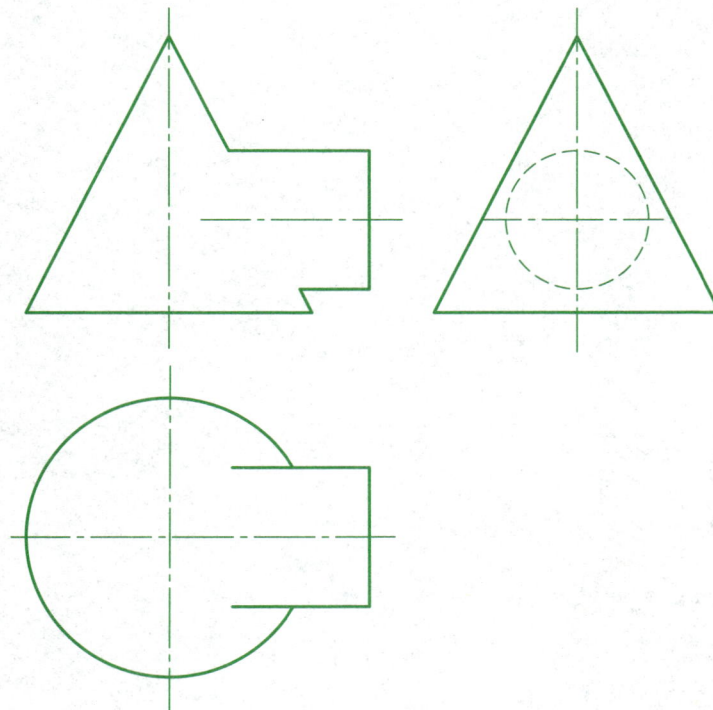

(3)

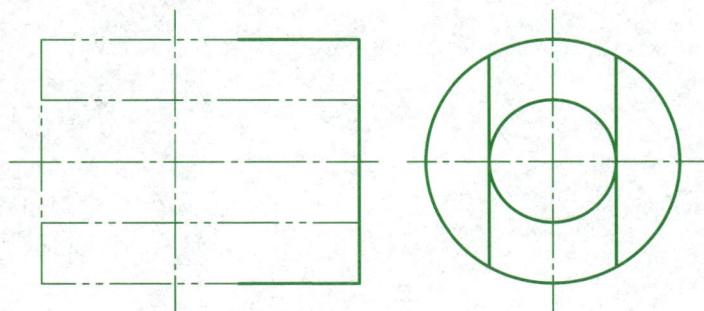

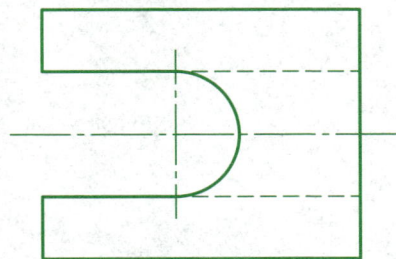

(4)

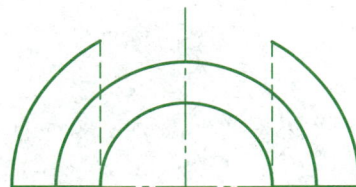

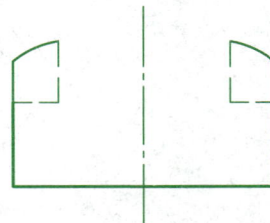

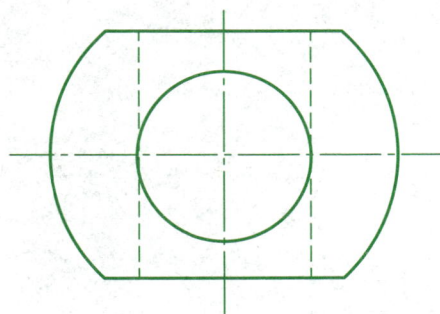

班级     姓名     学号

1.根据立体图画出三视图。

(1)

(2)

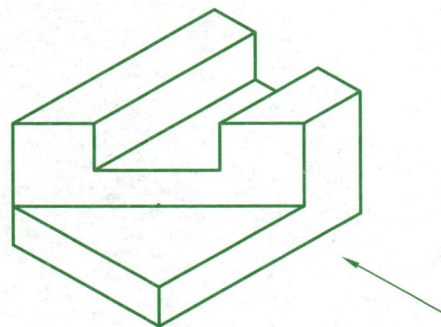

2. 根据立体图中给出的尺寸，用1：1的比例画出其三视图。

(1)

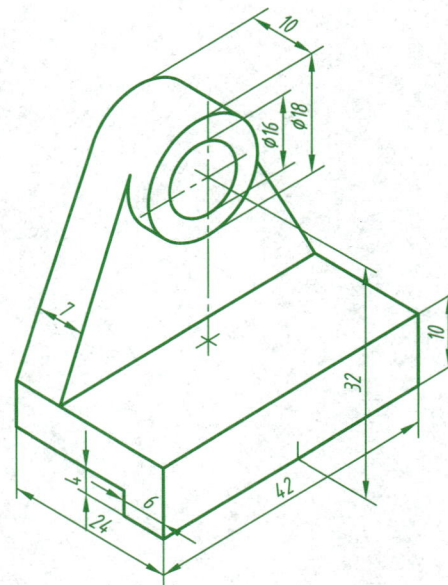

班级　　　　　　姓名　　　　　　学号

(2)

1. 根据给出的主、俯视图，补画出主视图中所缺的图线。

(1)

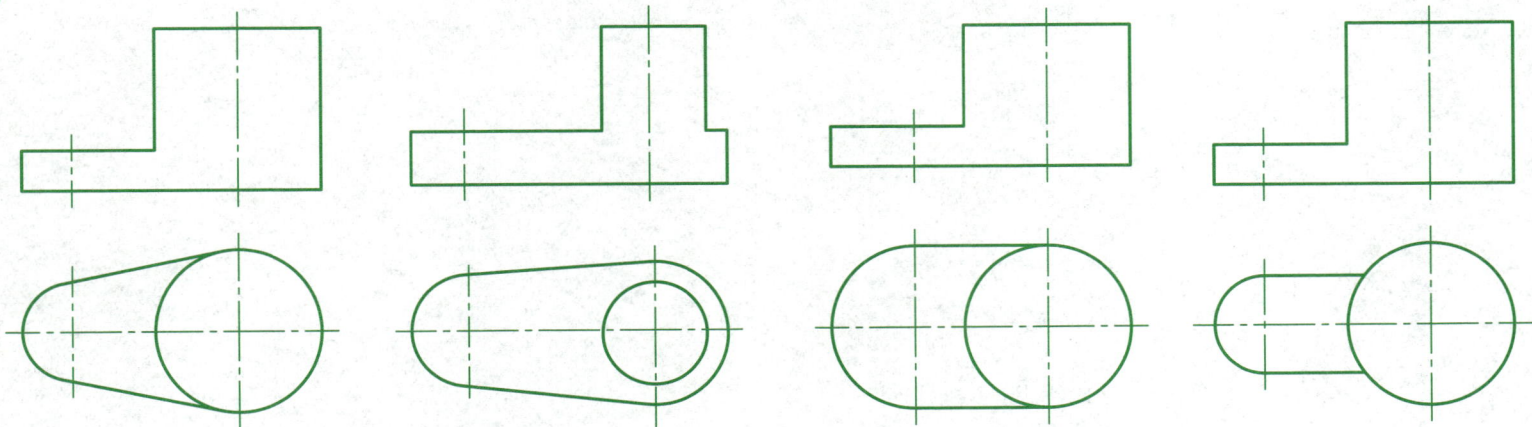

(2)

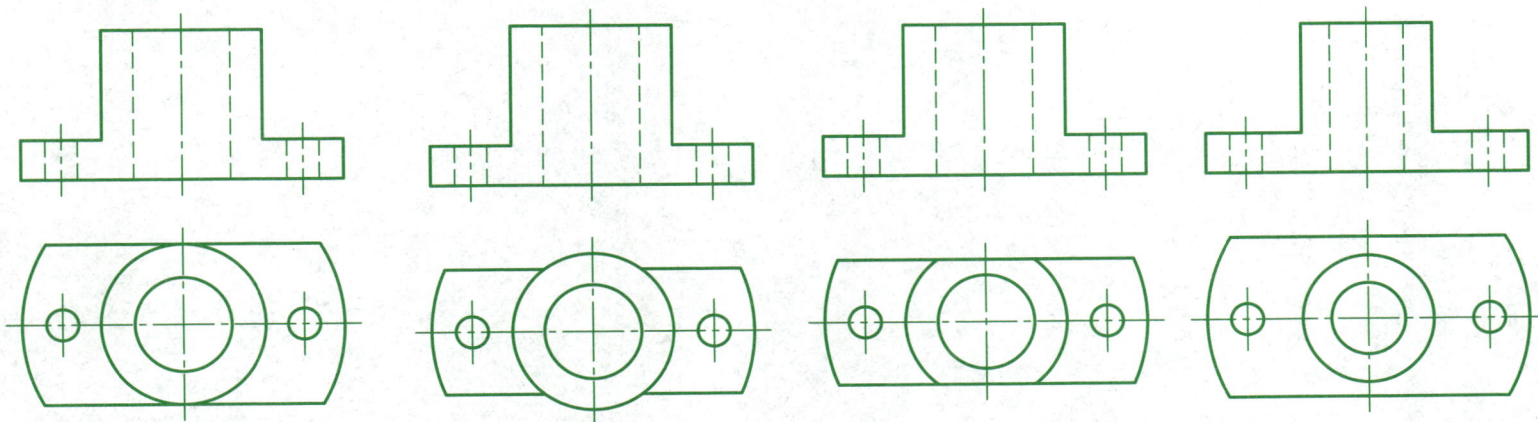

2. 根据给出的轴测图，补画出三视图中所缺的图线。

(1)

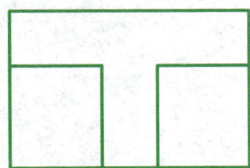

(2)
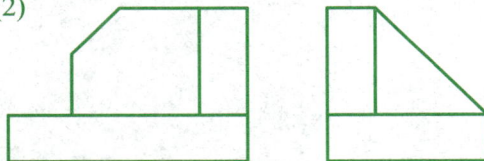
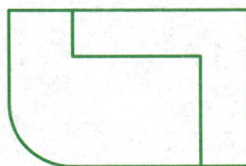
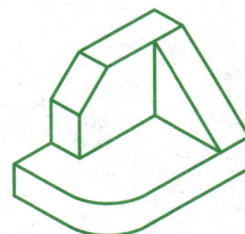

(3)

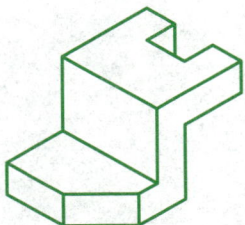

(4)
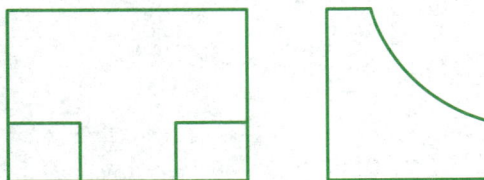

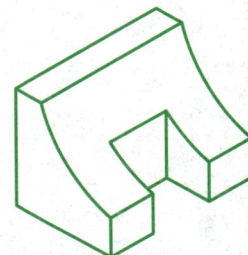

3. 补画出三视图中所缺的图线。

(1)

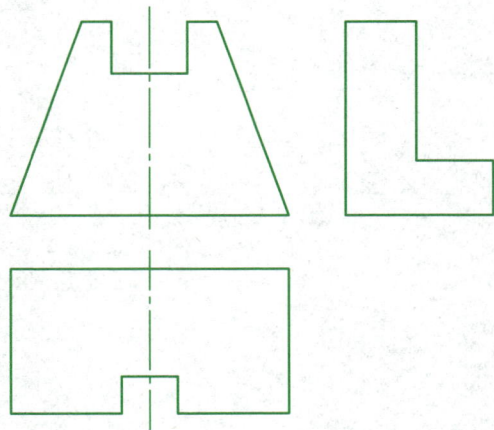

(2)

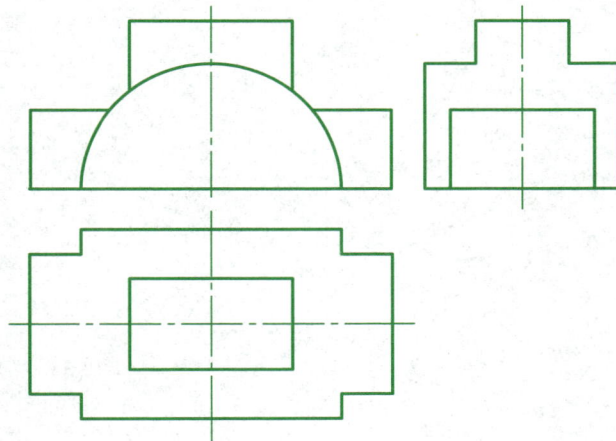

(3)

(4)

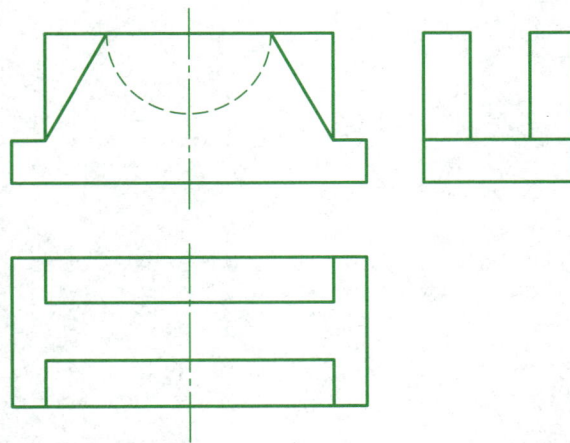

4. 根据轴测图，补画出第三视图。

(1)
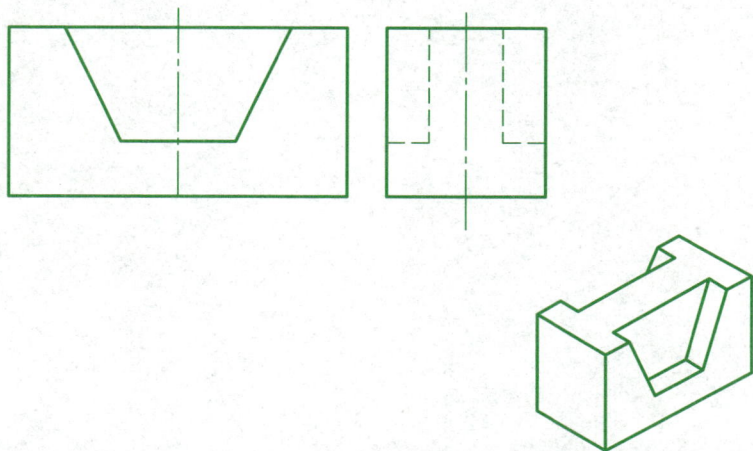

(2)
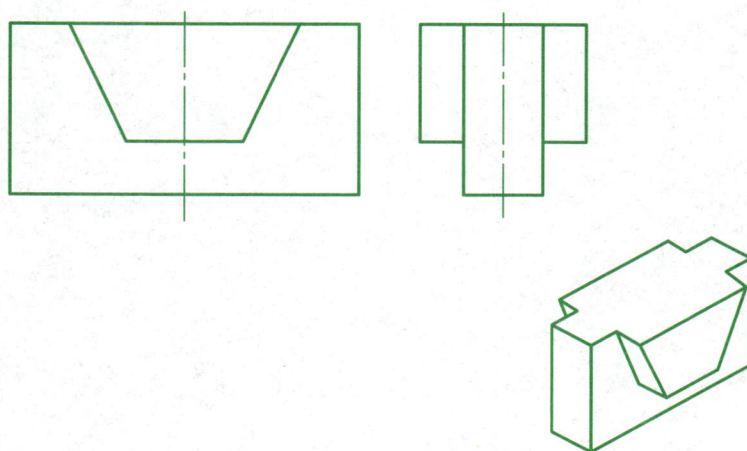

(3)
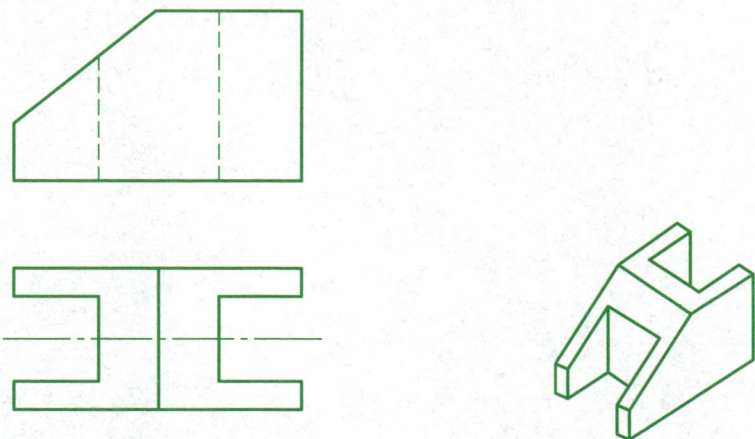

(4)
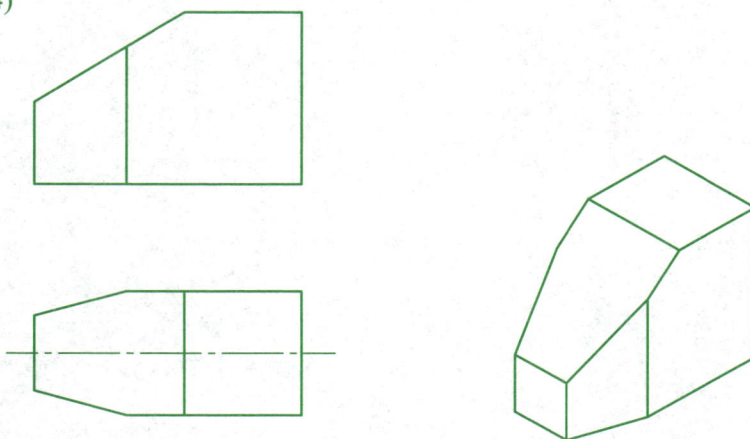

## 2.10 补画视图中所缺图线或第三视图

(5)

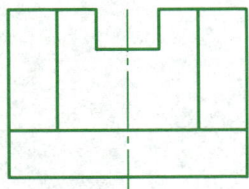

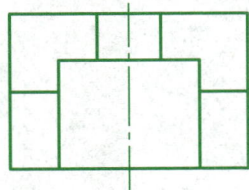

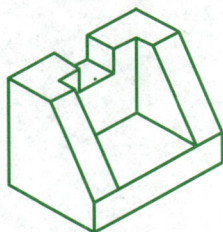

(6)

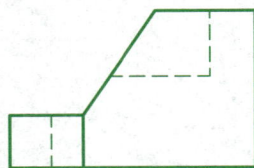

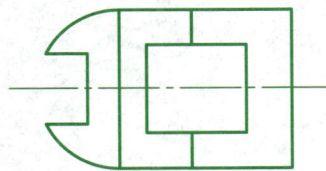

(7)

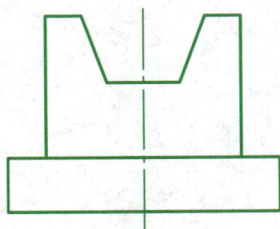

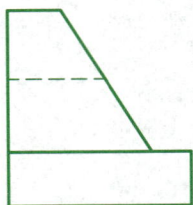

(8)

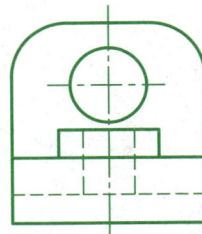

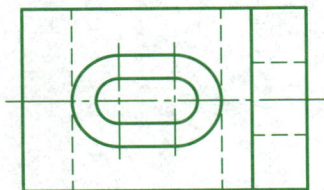

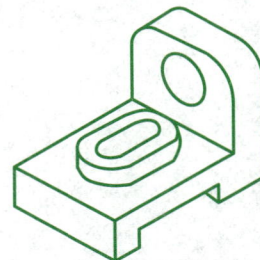

班级　　　　　　　姓名　　　　　　　学号

—36—

1. 补画出视图中所遗漏的尺寸。

(1)

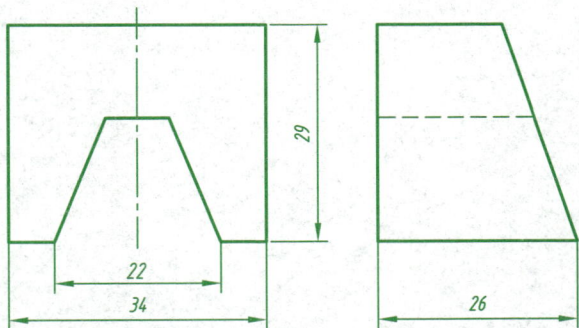

(2)

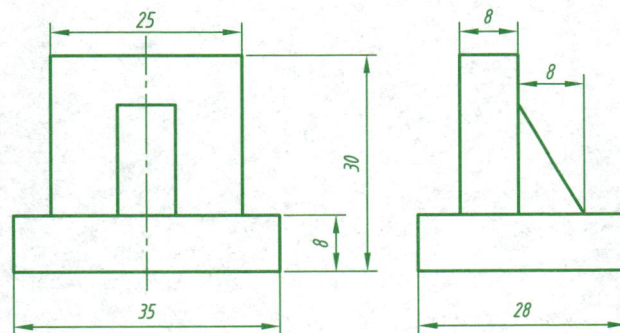

(3)

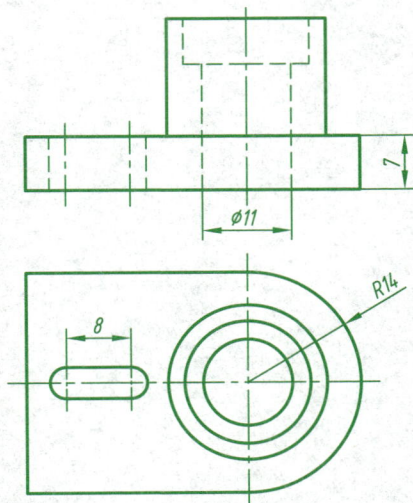

(4)

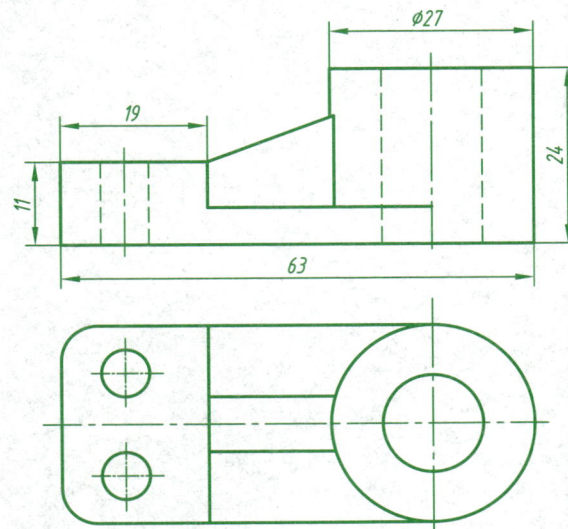

2. 标注组合体的尺寸(数值从图上量取，结果须圆整)。

(1)

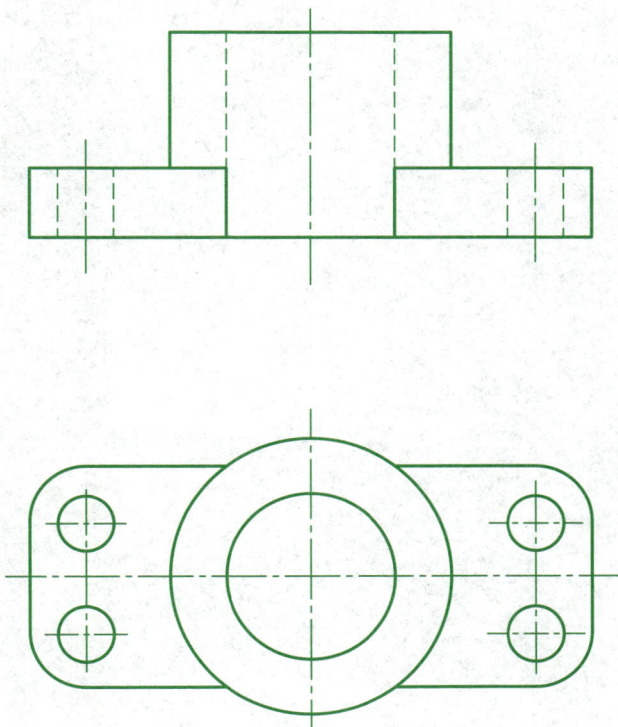

(2)

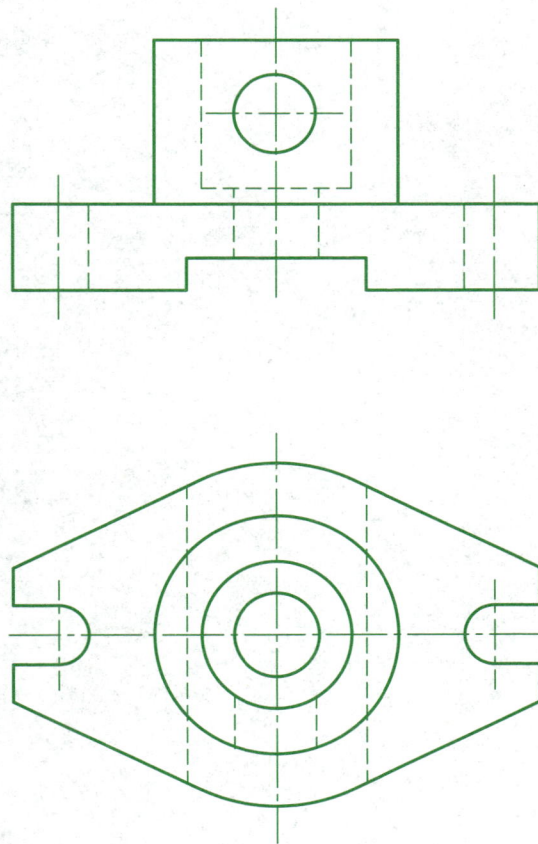

## 2.12 识读组合体视图

1.选择正确的左视图。

(1)

    (a)    (b)    (c)    (d)

(2)

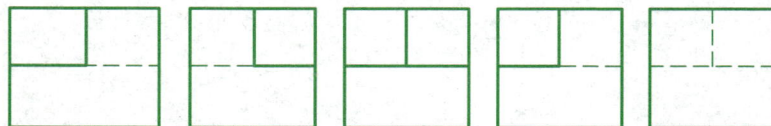

    (a)    (b)    (c)    (d)

(3)

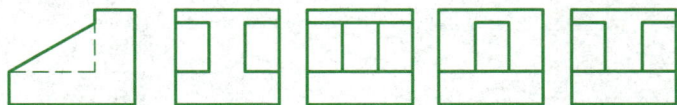

    (a)    (b)    (c)    (d)

(4)

    (a)    (b)    (c)    (d)

2. 根据给出的主视图和俯视图，想象物体的形状，并选择正确的左视图。

(1)

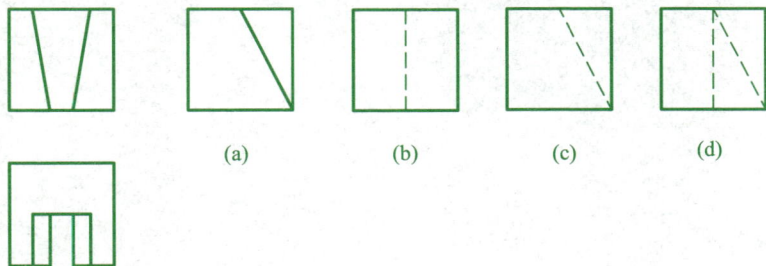

(a)　　　　(b)　　　　(c)　　　　(d)

(2)

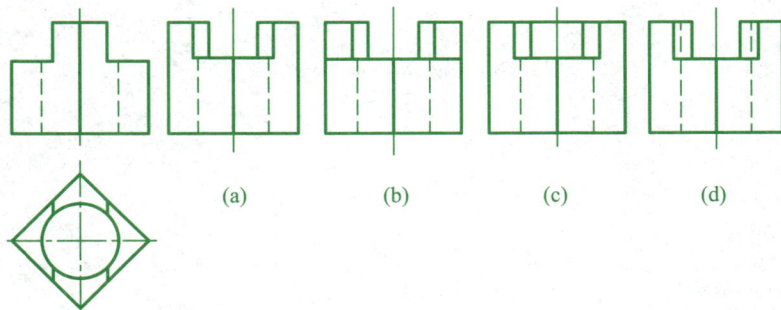

(a)　　　　(b)　　　　(c)　　　　(d)

(3)

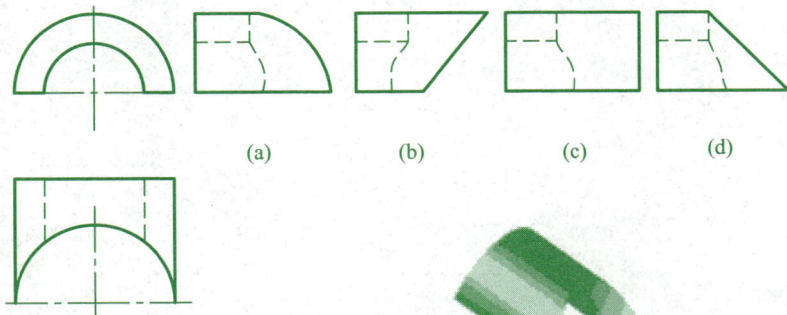

(a)　　　　(b)　　　　(c)　　　　(d)

(4)

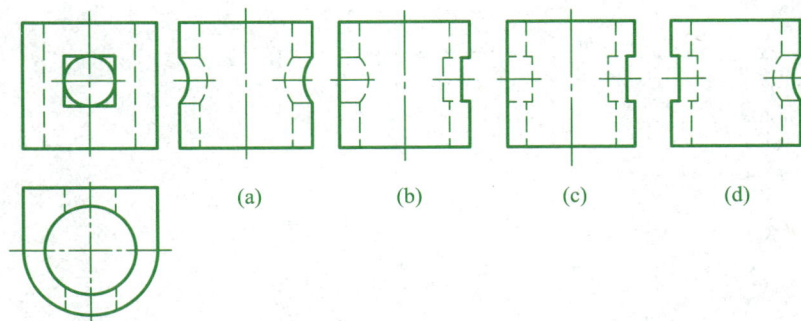

(a)　　　　(b)　　　　(c)　　　　(d)

班级　　　　　　姓名　　　　　　学号

## 2.12 识读组合体视图

3. 识读组合体视图——已知主、俯视图，找出相对应的左视图，并在对应左视图中标出序号。

**主、俯视图**

(1)

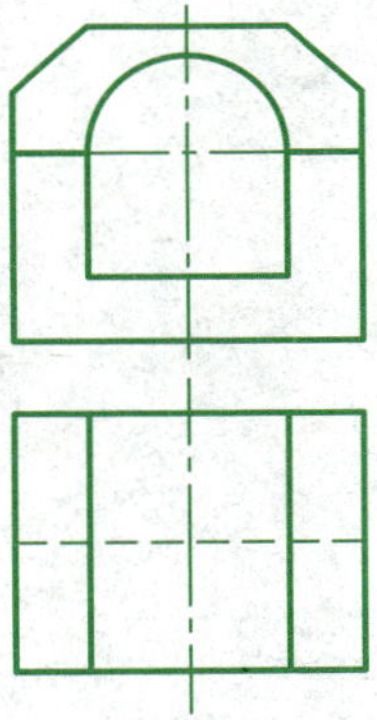

(2)

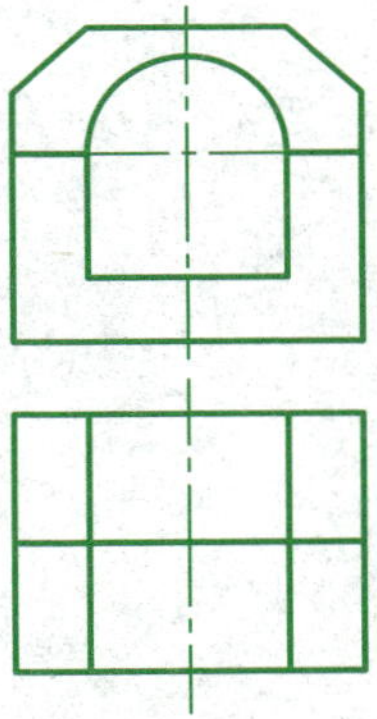

(3)

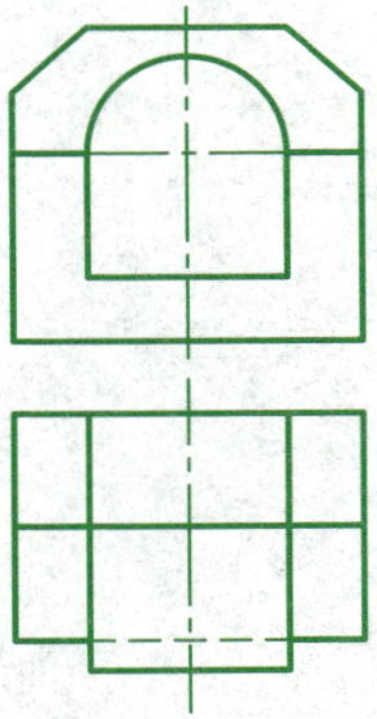

**左视图**

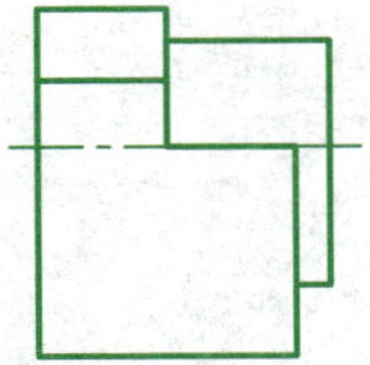

(　　)

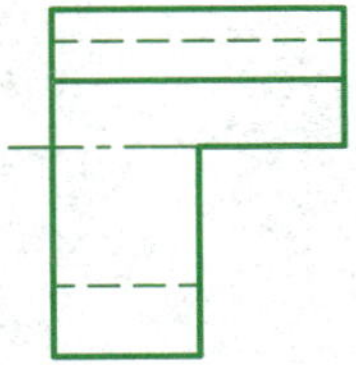

(　　)

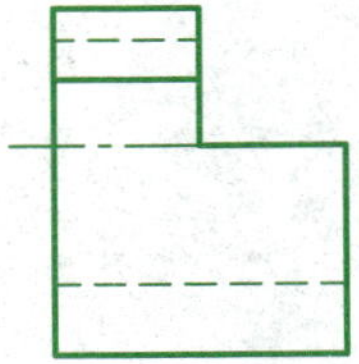

(　　)

**主、俯视图**

(1)

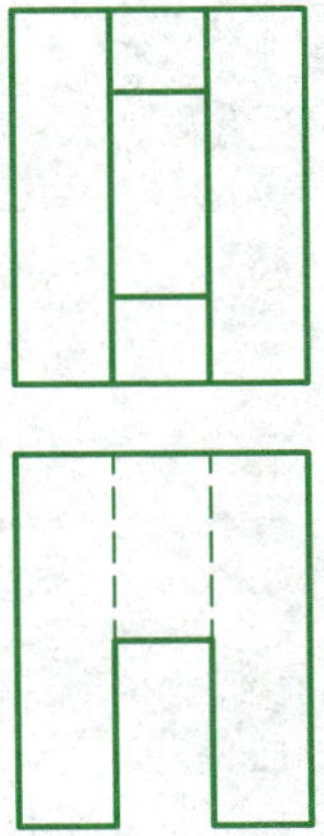

(2)

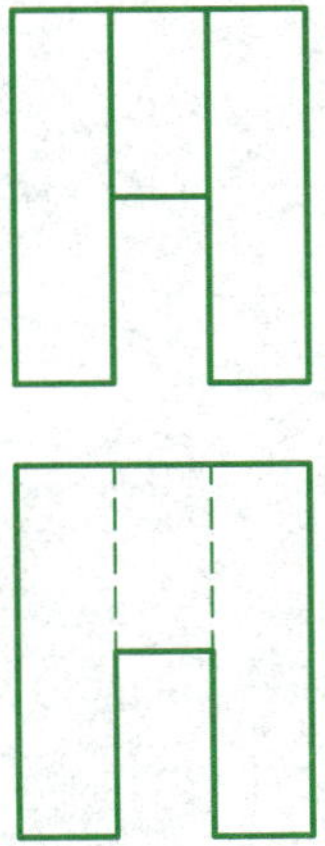

(3)

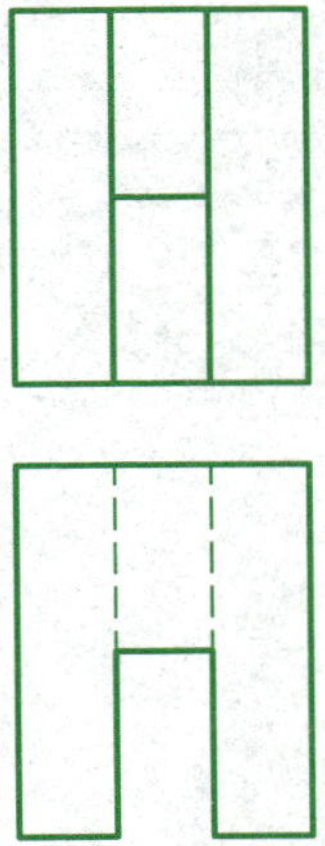

(4)

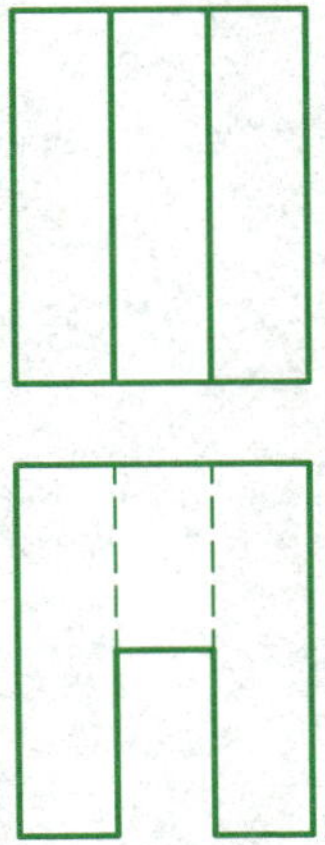

**左视图**

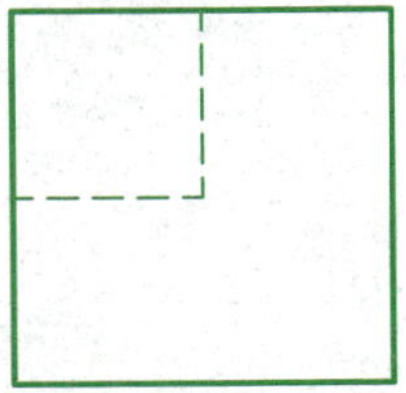

(　　)

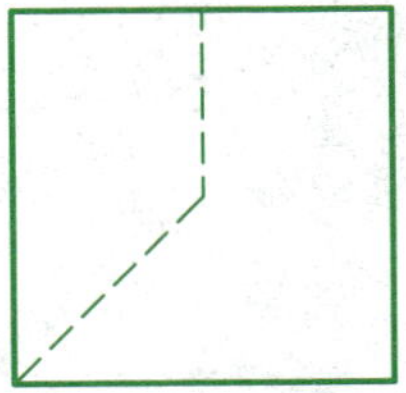

(　　)

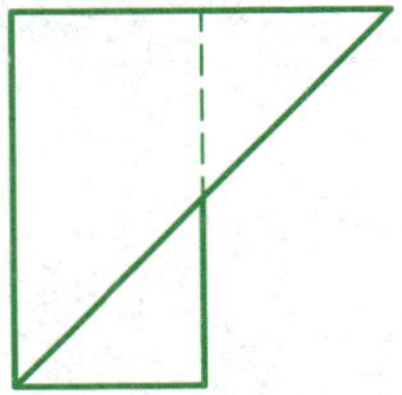

(　　)

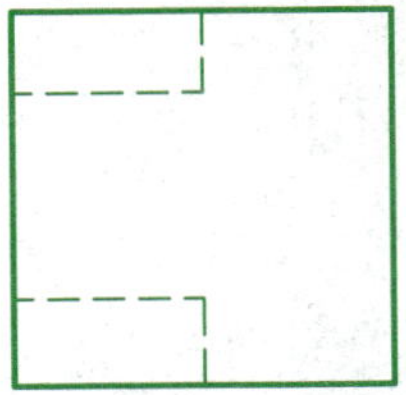

(　　)

4. 根据给出的主视图和俯视图，想象出物体的形状，并补画出左视图。

(1)

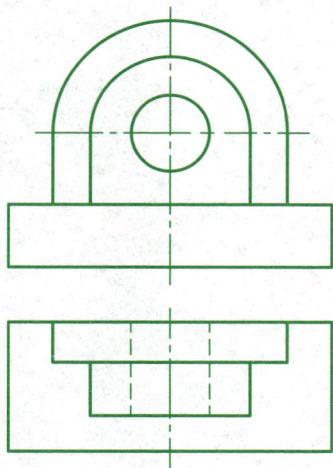

(2)

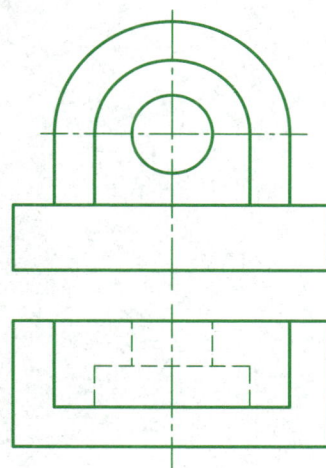

(3)

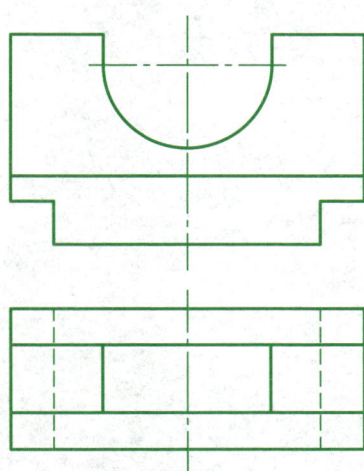

(4)

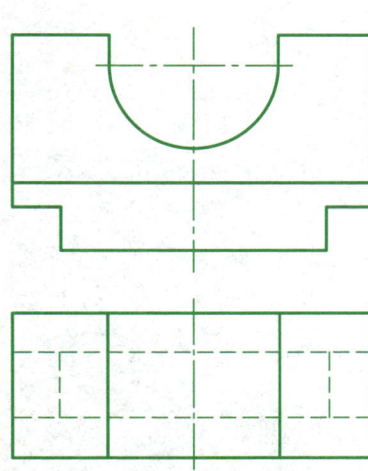

5. 根据已知的两个视图，补画出第三视图。

(1)
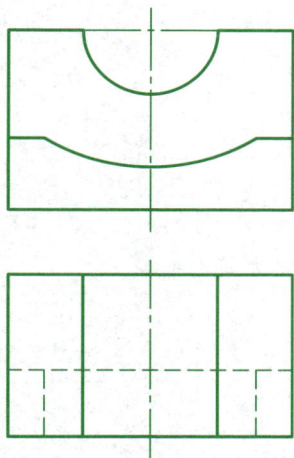

(2)
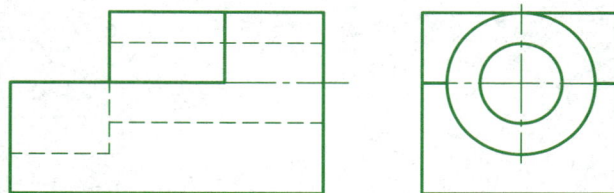

(3)
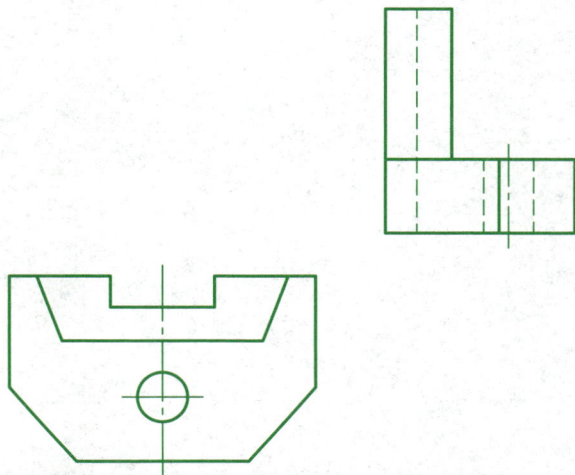

(4)
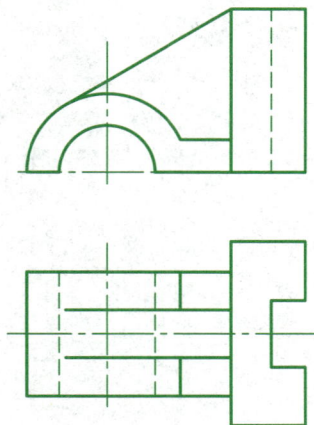

(5)

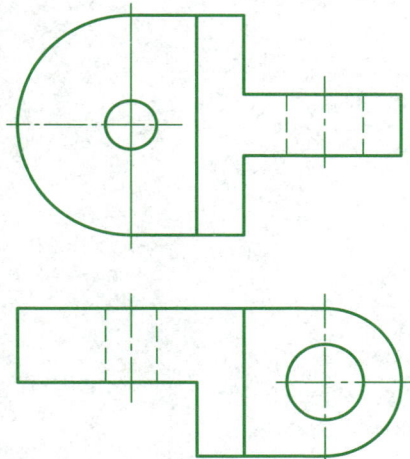

(6)

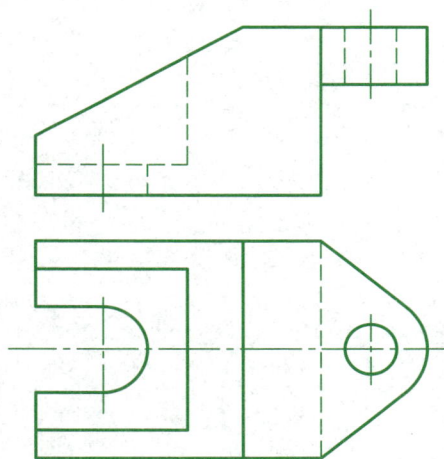

(7)

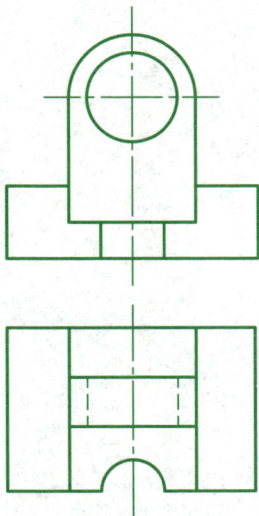

(8)

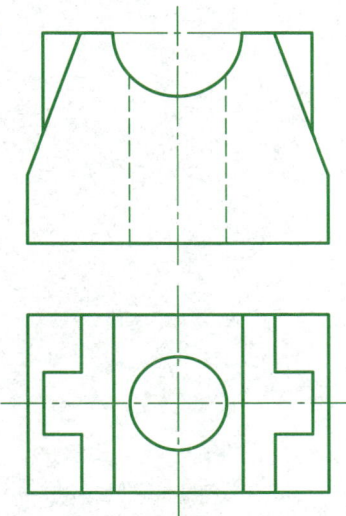

班级　　　　　　姓名　　　　　　学号　　　　　　—44—

根据视图构思组合体，并画出其视图。

(1) 已知俯视图，构思不同的形体，补画出主、左视图。

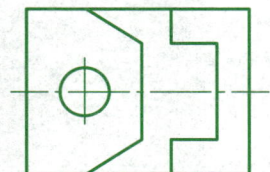

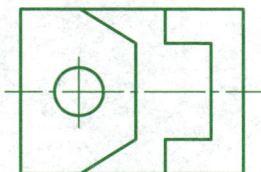

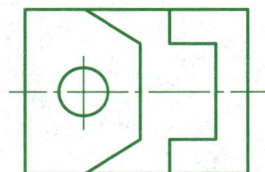

(2) 已知主视图和俯视图，构思不同的形体，补画左视图。

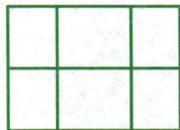

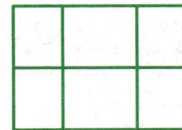

# 项　目　三

## 零件轴测图的绘制

1. 根据形体的三视图，画出其轴测图。

(1)

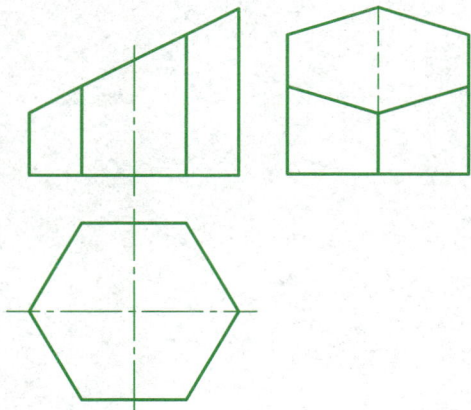

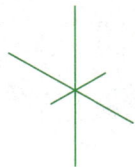

(2)

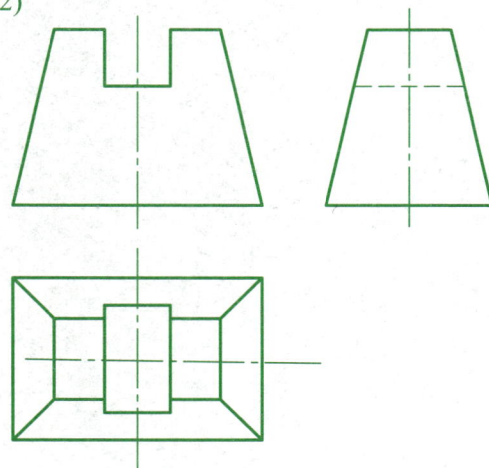

2. 根据形体的两个视图，画出其正等轴测图。

(1)

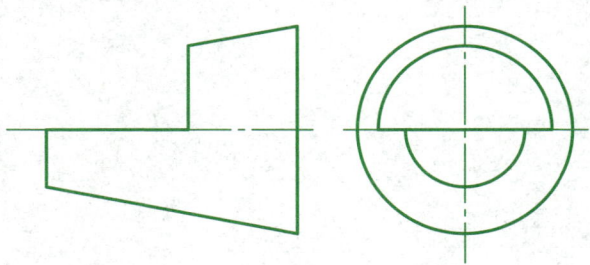

(2)

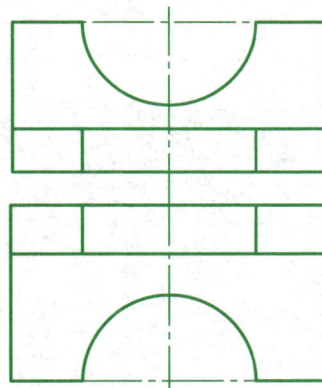

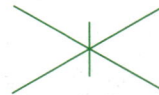

3. 根据形体的两视图，画出其斜二轴测图。

(1)

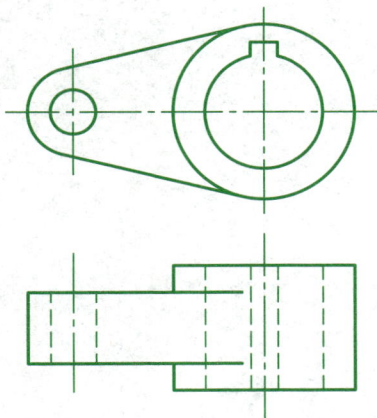

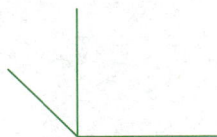

(2)

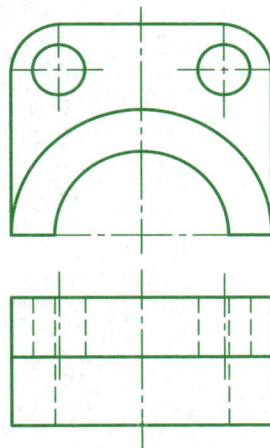

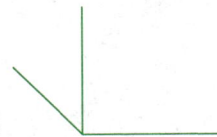

4.根据两视图，先补画第三视图，再画出其轴测图。

(1)

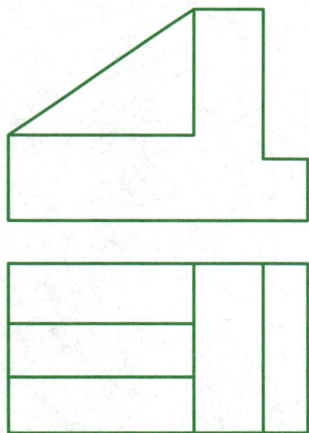

(2)

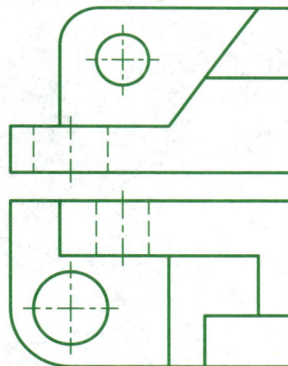

(3)

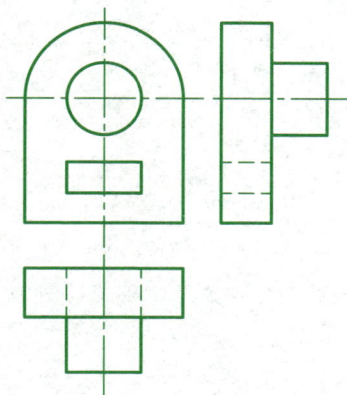

(4)

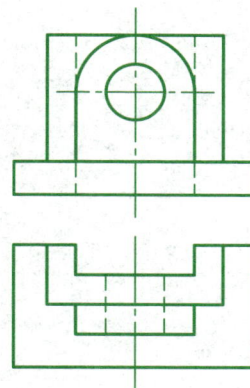

班级　　　　　姓名　　　　　学号

# 作 业 指 导

1. 作业目的、内容与要求。

(1) 作业目的、内容：进一步理解并巩固物与图之间的对应关系，运用形体分析法，根据轴测图绘制组合体的三视图，并标注其尺寸。

(2) 作业要求：完整地表达组合体的内、外形状。尺寸标注要齐全、清晰，并符合国家标准。

2. 图名、图幅、比例。

(1) 图名：组合体。

(2) 图幅：A3。

(3) 比例：1∶1。

3. 绘图步骤与注意事项。

(1) 对所绘形体进行分析，选择主视图，按轴测图所标注尺寸布置三个视图(视图之间预留标注尺寸的位置)，画出各视图的中心轴线和底面(顶面)的位置。

(2) 逐步画出组合体各部分的三视图(注意表面相切或相贯时的画法)。

(3) 标注尺寸时不要照搬在轴测图上已标注的尺寸，应重新考虑视图上尺寸的布置，以尺寸齐全、标注符合标准、配置适当为原则。

(4) 完成底稿，检查后加深图线。

(5) 填写标题栏。

## 3.2 由轴测图画三视图

由轴测图画出三视图。

(1)

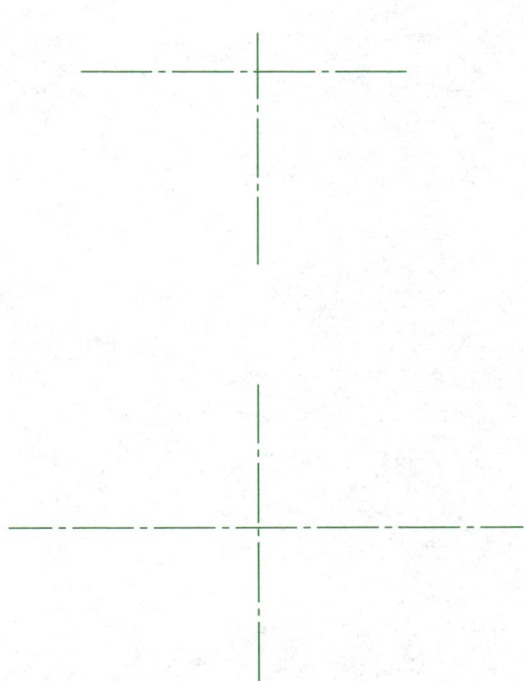

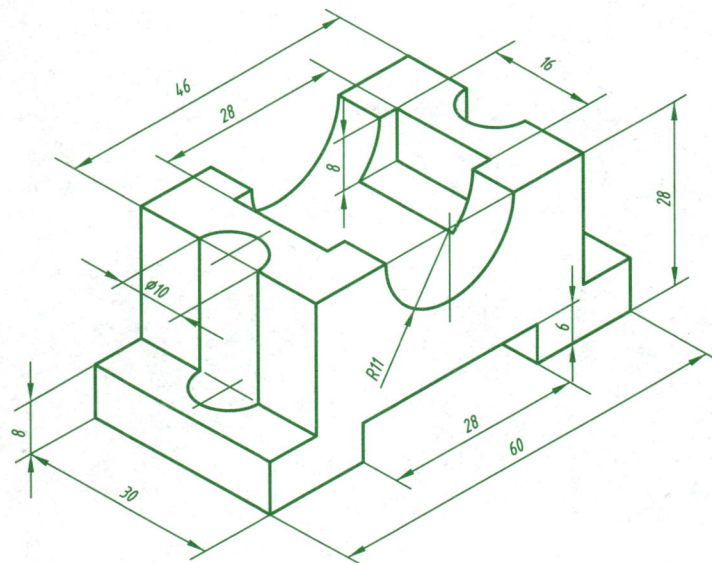

(2)

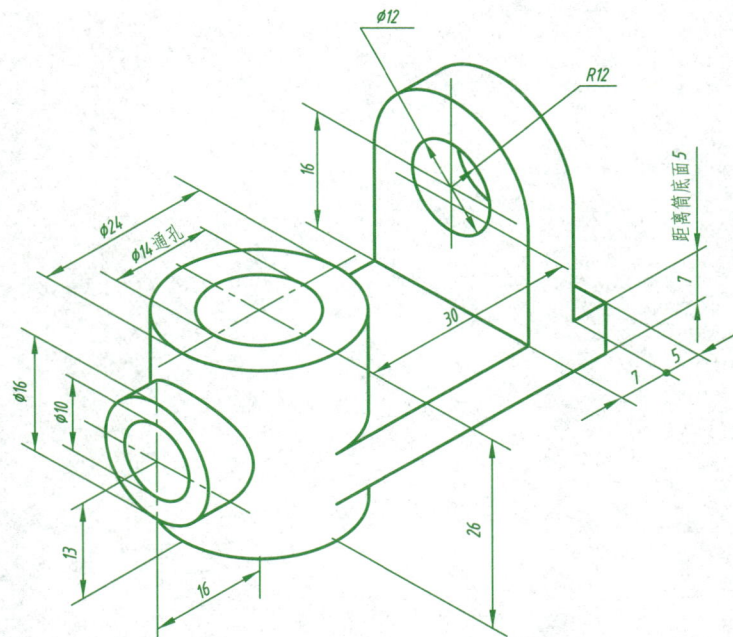

(3)

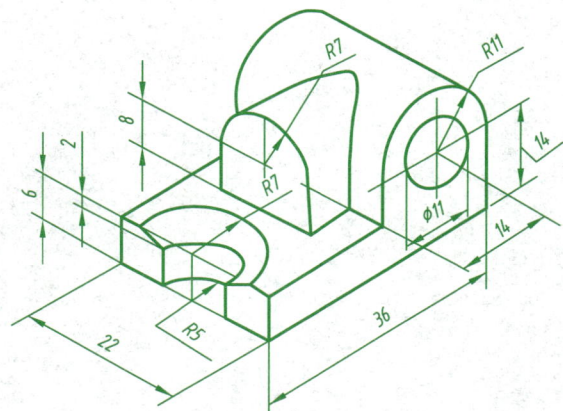

班级　　　　　　姓名　　　　　　学号　　　　　—55—

根据模型画出三视图，标注尺寸，并徒手画出轴测图。

### 作业指导

1. 作业目的。

进一步理解并巩固物与图之间的对应关系，运用形体分析法测量模型，画出组合体的三视图，标注尺寸，并徒手画轴测图。

2. 作业内容和要求。

(1) 各专业按要求从中选作一题：根据模型或轴测图画出三视图，并标注尺寸。

(2) 用A3图纸：自选比例，图名填写"组合体"。

(3) 完整地表达组合体的形状：正确、完整、清晰，并按国标要求标注组合体尺寸。

3. 注意事项。

(1) 对所给形体进行形体分析，选择主视图投射方向。按形体尺寸、图幅和比例恰当地布置三个视图，视图之间应留有标注尺寸的位置。

(2) 逐步画出组合体各组成部分的三视图，完整表达组合体。

(3) 标注组合体尺寸时，应注意选择长、宽、高三个方向的主要尺寸基准，并完整标注尺寸。

(4) 完成底稿，检查后加深图线。

(5) 填写标题栏。

(1)

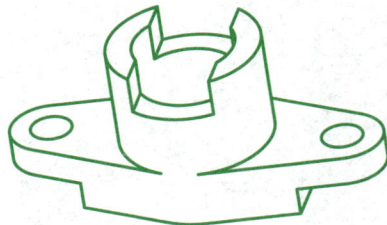

(2)

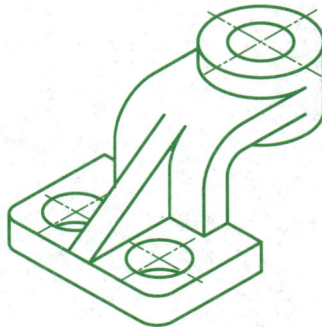

(3)

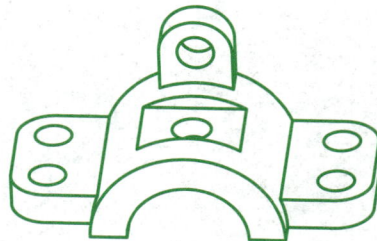

# 项目四

## 轴套类零件图的绘制与识读

1. 补全剖视图中所缺的图线,在多余的线上画"×"。

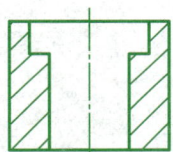

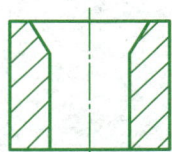

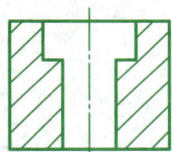

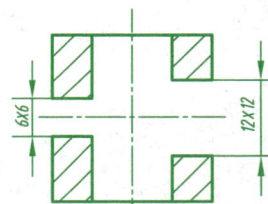

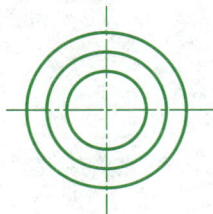

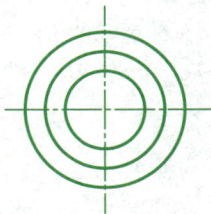

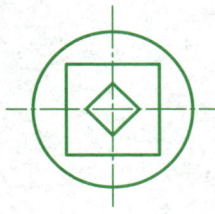

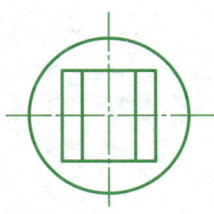

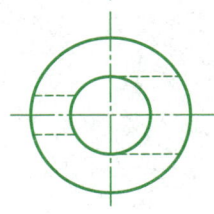

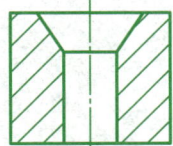

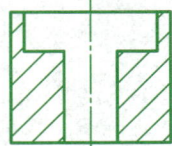

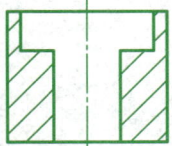

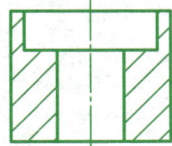

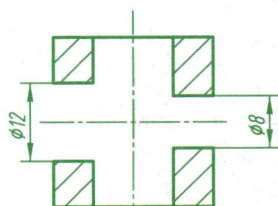

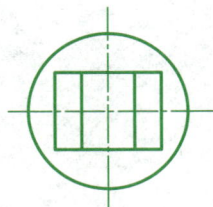

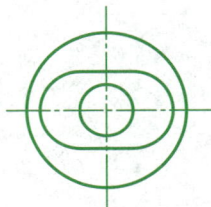

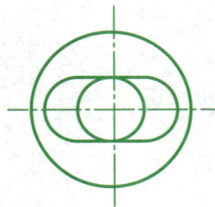

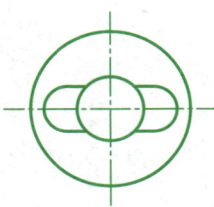

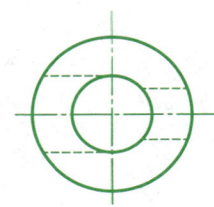

4.1 剖视图

2. 补画出剖视图中所缺的图线。

(1)

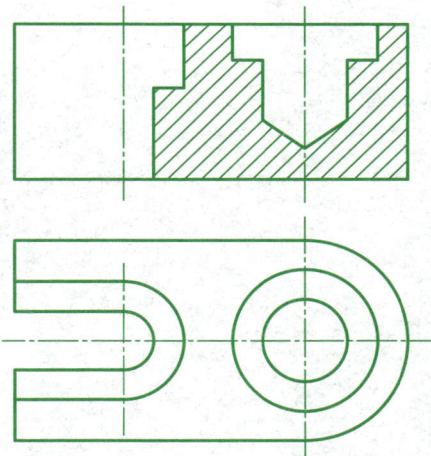

(2)

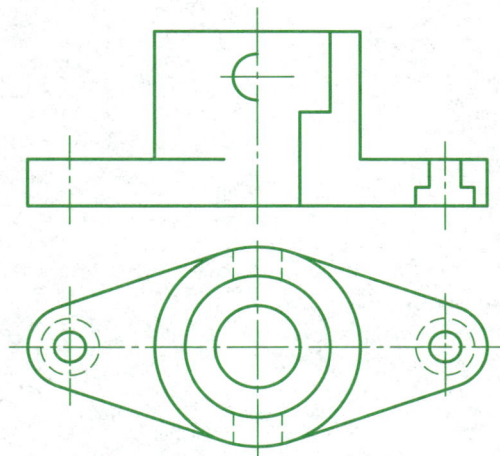

(3)

(4)

(5)

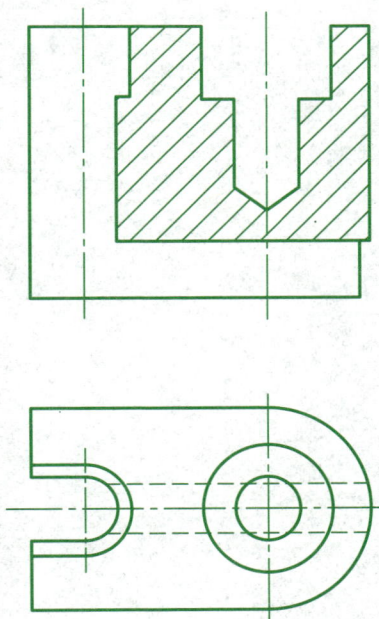

(6)

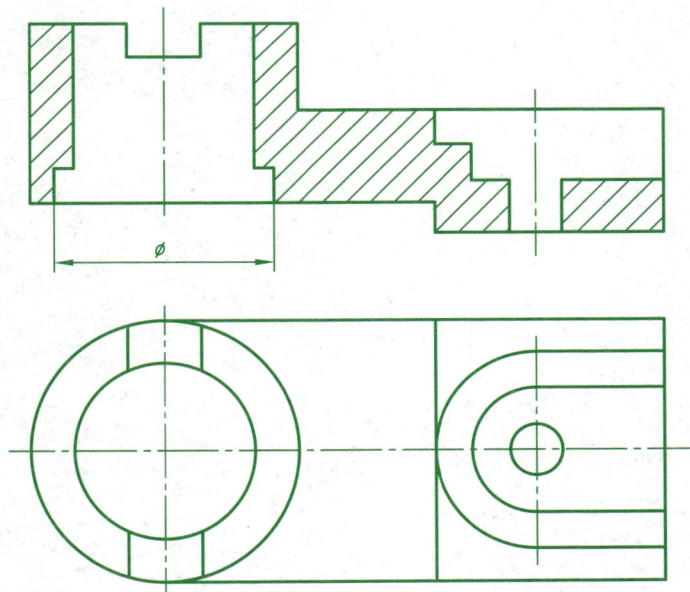

3. 将主视图改画成全剖视图。

(1)

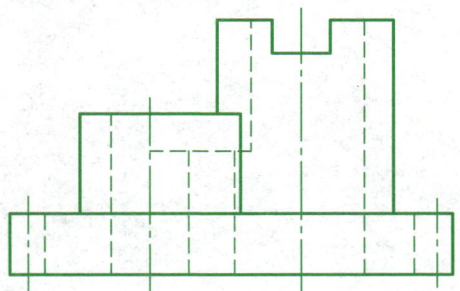

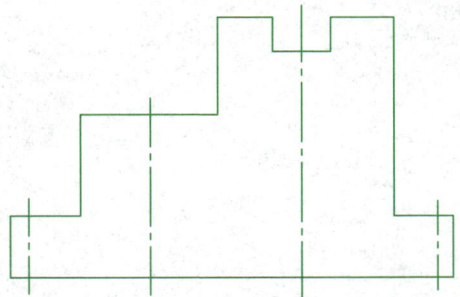

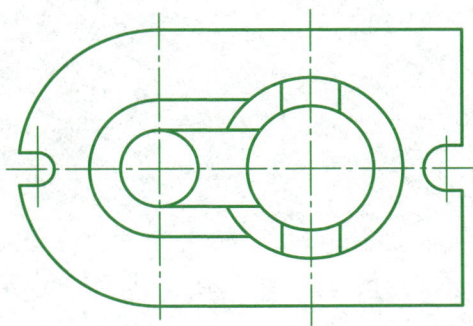

(2)

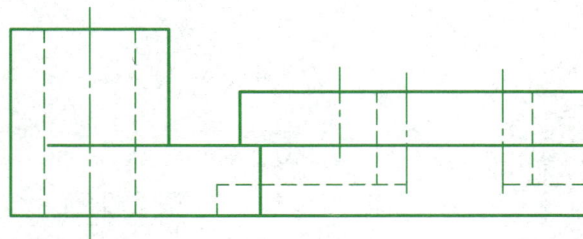

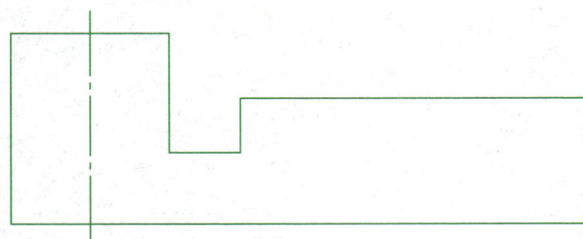

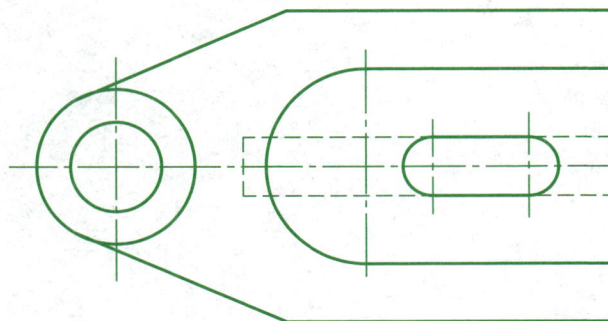

4. 根据已知视图画出其剖视图。

(1) 将主视图改画成全剖视图，并补画半剖视图的左视图。

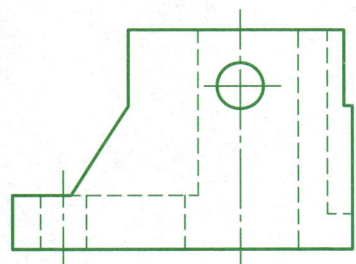

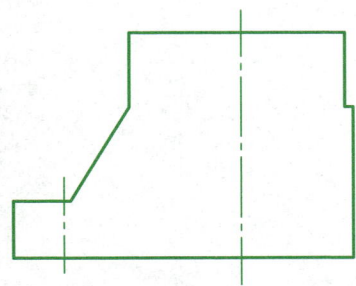

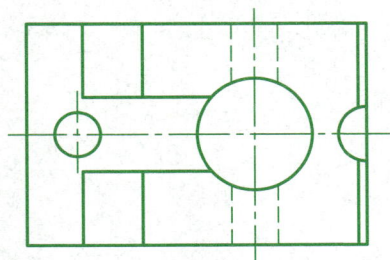

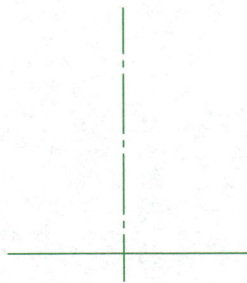

(2) 将主视图改成半剖视图，并补画半剖视图的左视图。

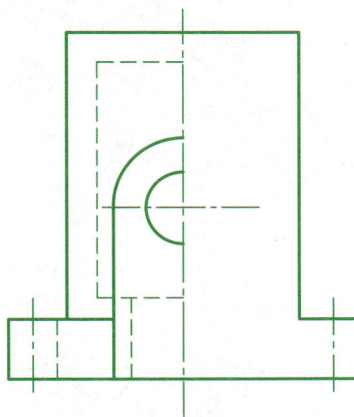

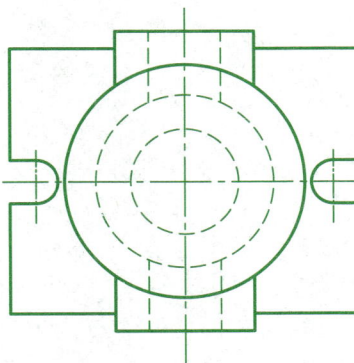

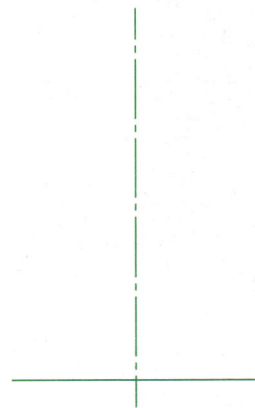

5.将主视图改画成半剖视图，并画出全剖的左视图。

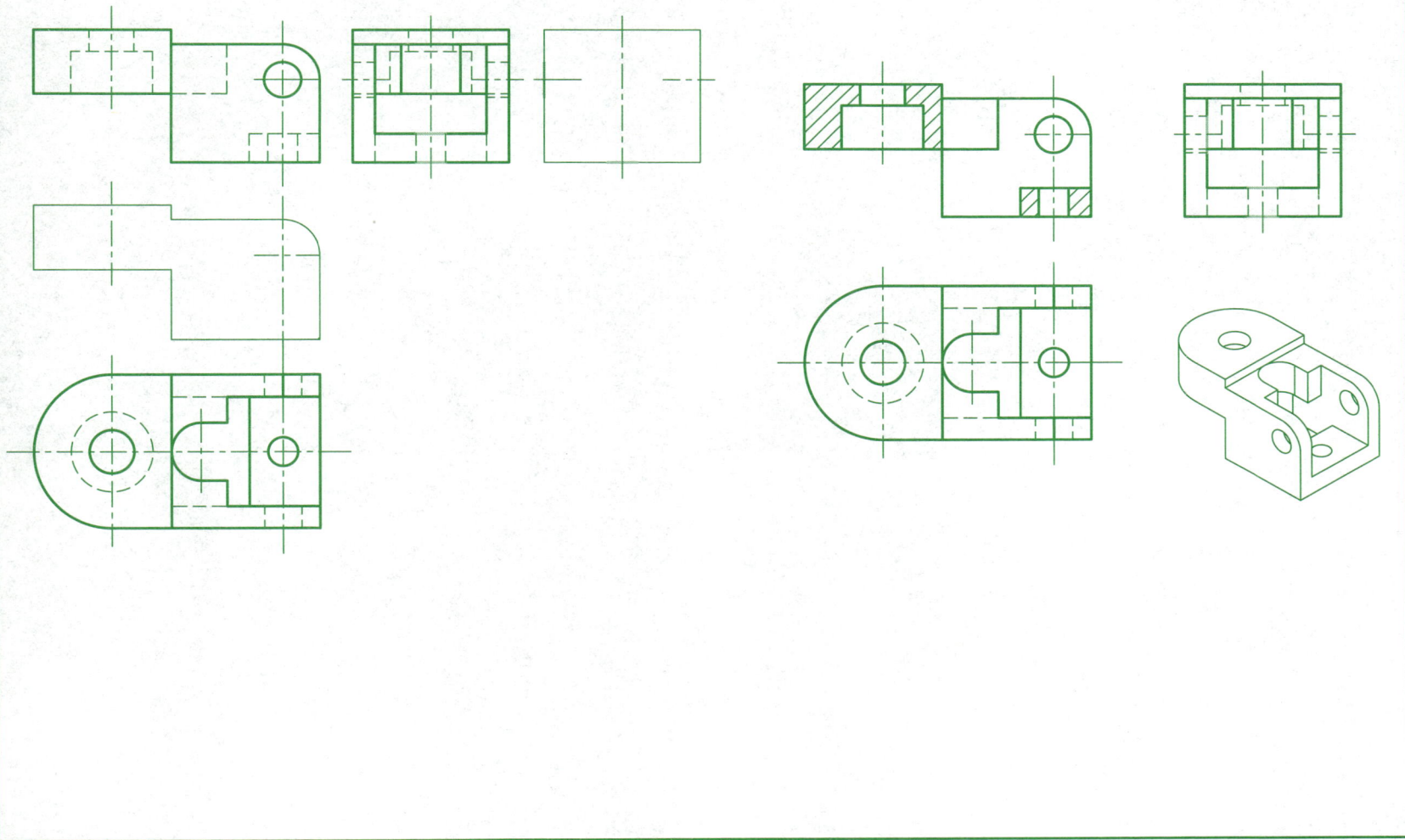

6.将视图改画成适当的局部剖视图。

(1)

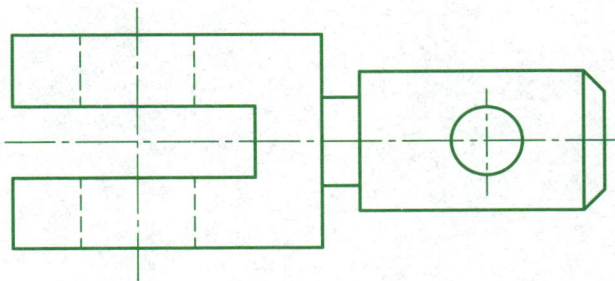

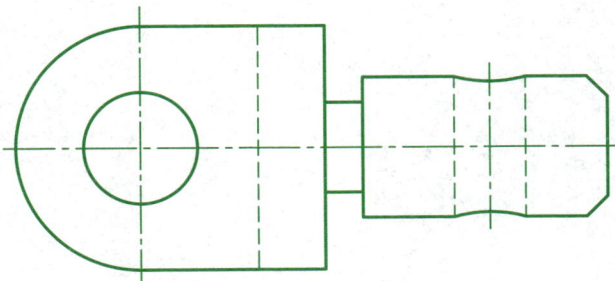

(2)

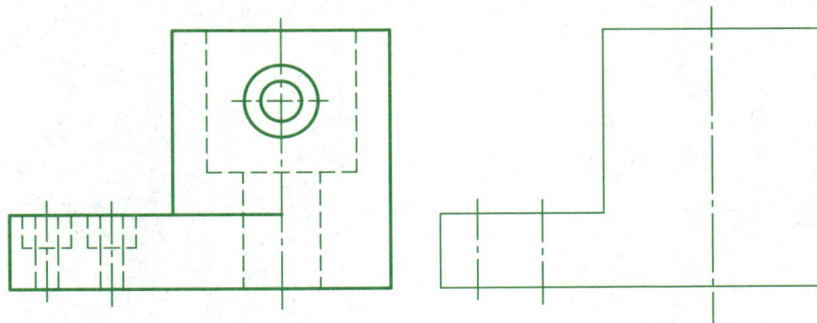

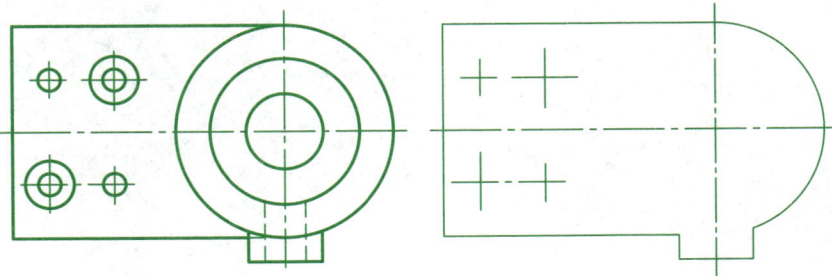

班级　　　　　　姓名　　　　　　学号　　　　　　—64—

## 4.2 断面图

1. 选择正确的断面图。

(1)

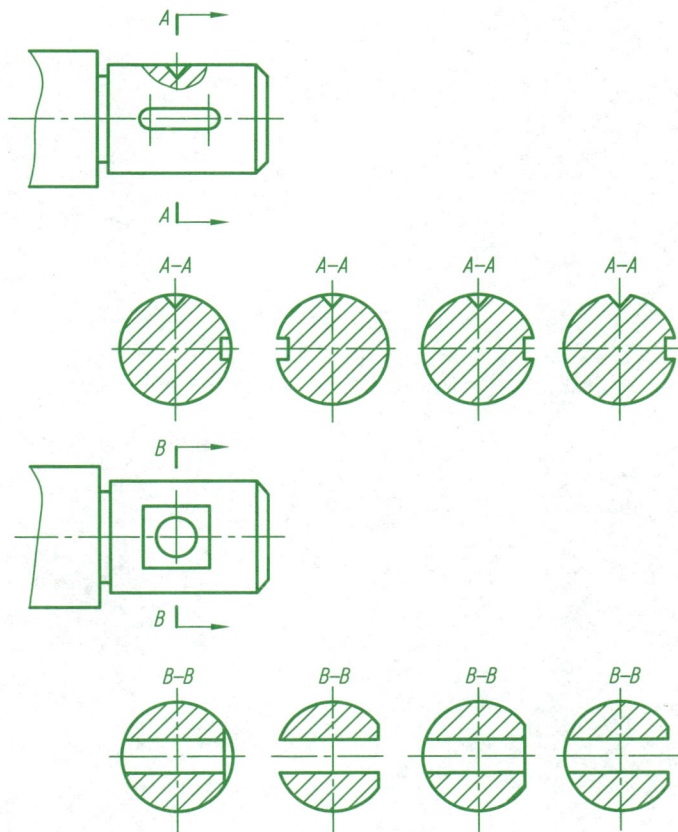

(2)

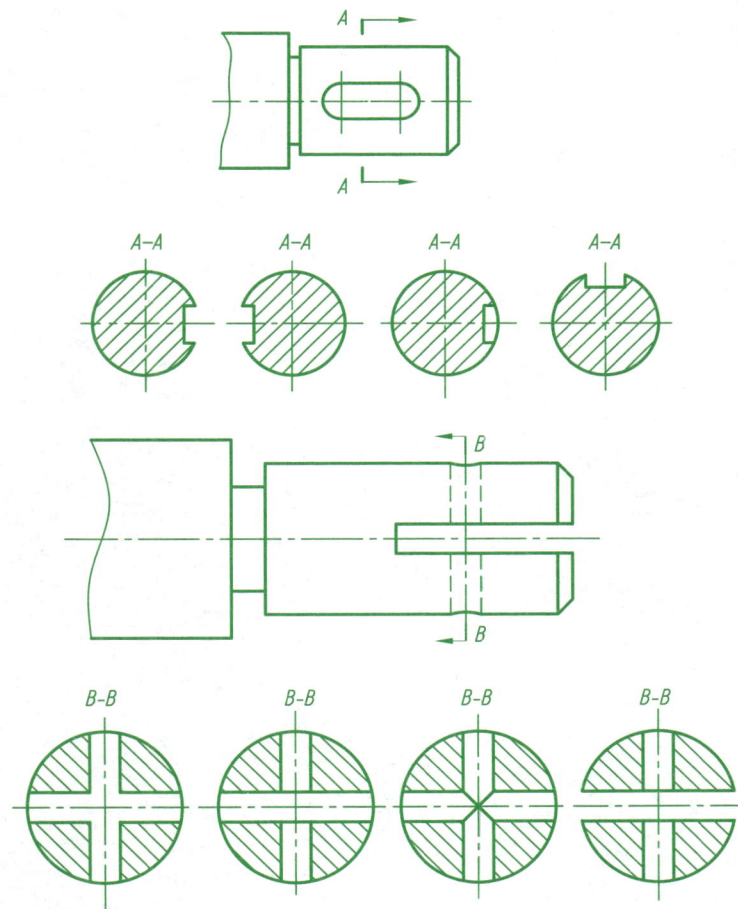

## 4.2 断面图

**2.** 在正确的移出断面图下方字母处打勾，并在适当位置更正错误的移出断面图。

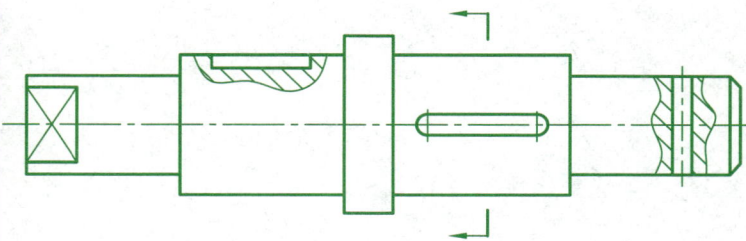

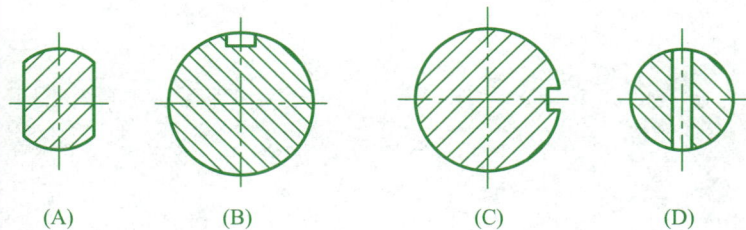

(A)　　　　　(B)　　　　　(C)　　　　　(D)

**3.** 作指定位置的断面图。

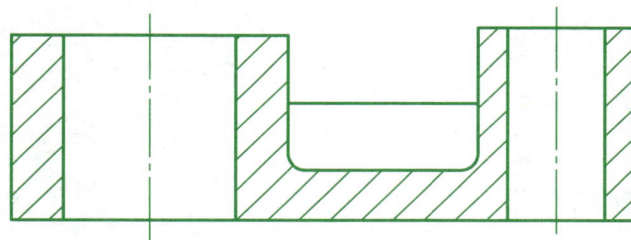

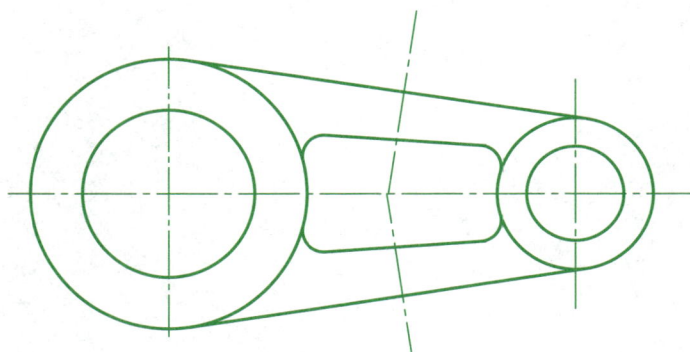

## 4.2 断面图

4.将主视图作适当剖视，并绘出指定位置的移出断面图(槽深为4 mm)。

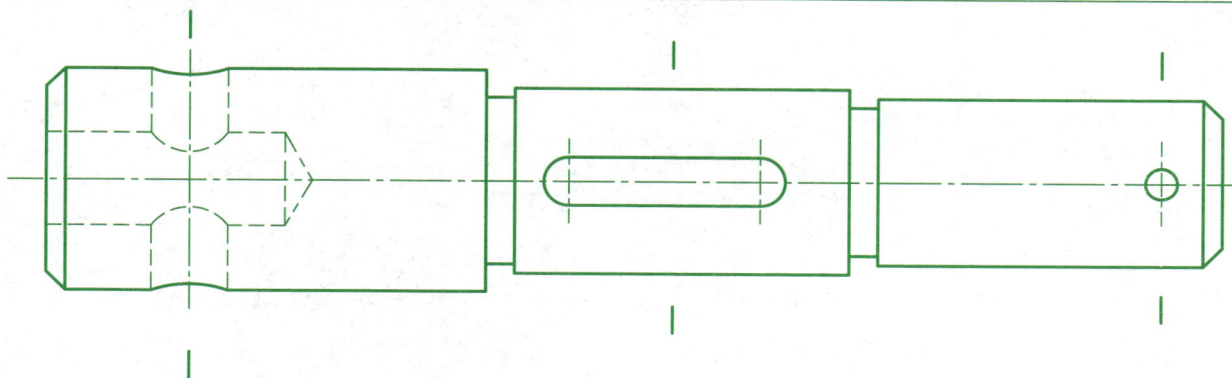

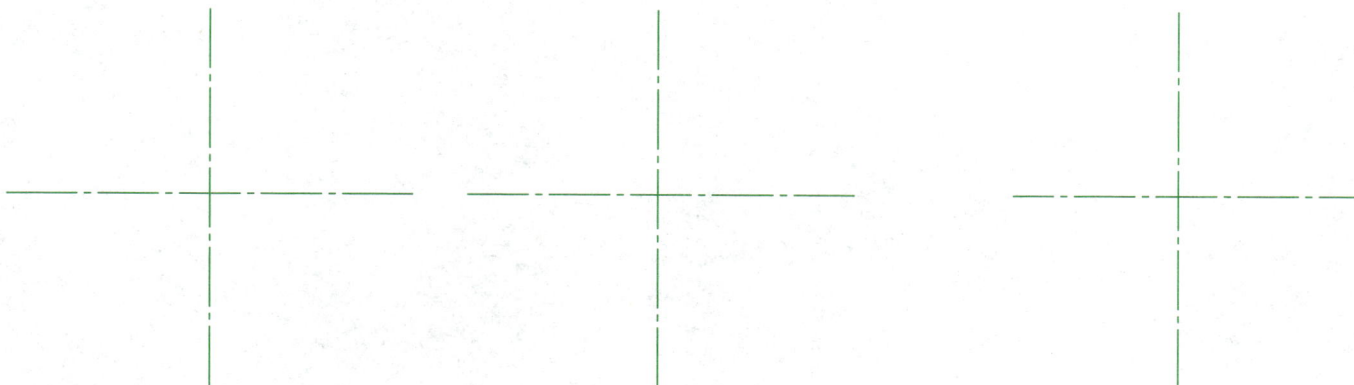

班级　　　　　　姓名　　　　　　学号

表面结构表示法——按要求标注零件表面的粗糙度代号。

(1)

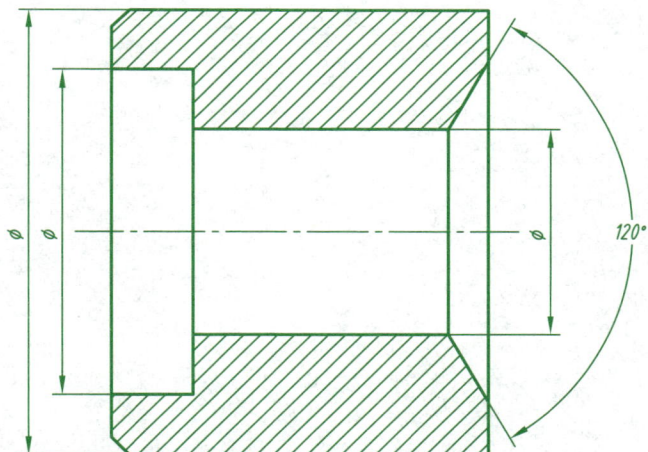

① 各内圆柱面 $Ra$＝0.8；

② 外圆柱面 $Ra$＝1.6；

③ 各平面 $Ra$＝3.2；

④ 内锥 $Ra$＝6.3；

⑤ 倒角 $Ra$＝12.5。

(2)

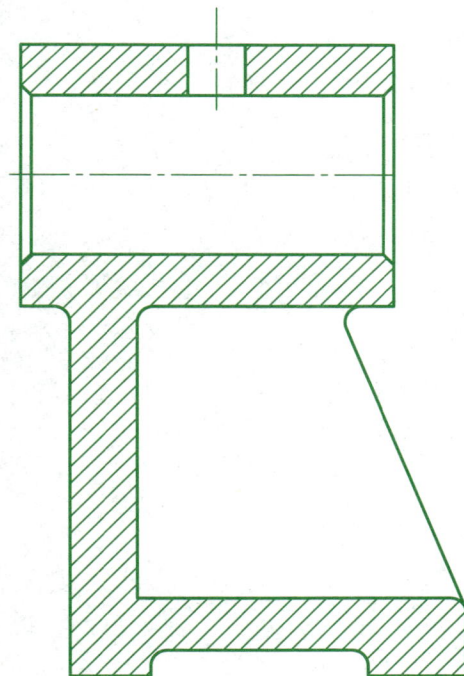

① 圆筒左右两端面 $Ra$＝12.5；

② 轴承孔 $Ra$＝3.2，倒角 $Ra$＝12.5；

③ 竖直小孔 $Ra$＝6.3；

④ 底面 $Ra$＝6.3；

⑤ 其余表面不进行加工，$Ra$＝25。

将图下面文字说明的内容，用框格法标注在图上。

(1)

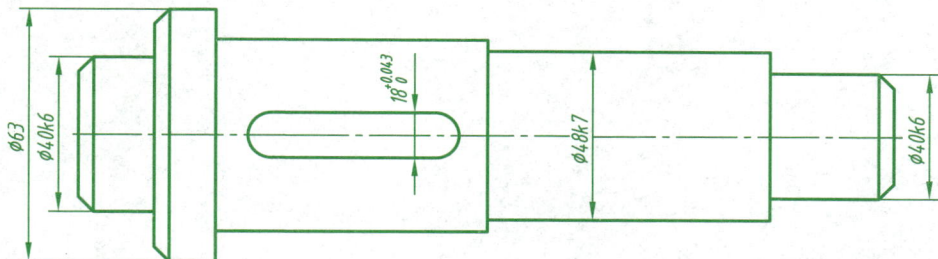

① $\phi$40k6圆柱面的圆柱度公差为0.007 mm；
② $\phi$48k7圆柱面对两个$\phi$40k6公共轴线的圆跳动公差为0.02 mm；
③ $\phi$63轴肩右端对$\phi$48k7轴线的全跳动公差为0.025 mm；
④ $18^{+0.043}_{0}$键槽的中心平面对$\phi$48k7轴线的对称度公差为0.03 mm。

(2)

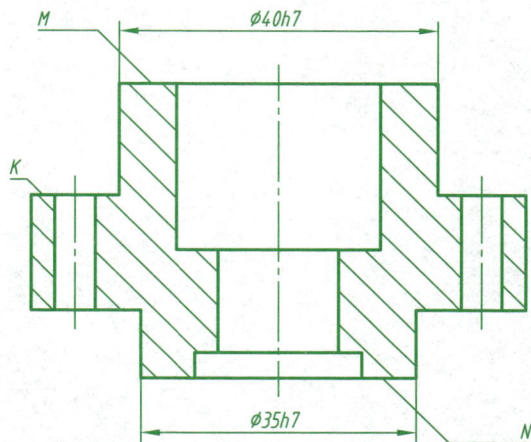

① K面对$\phi$40h7轴线的垂直度公差为0.025 mm；
② M面对N面的平行度公差为0.03 mm；
③ $\phi$35h7轴线对$\phi$40h7轴线的同轴度公差为$\phi$0.12 mm。

1. 填空。

(1) $\phi 30_{+0.009}^{+0.034}$ 的基本尺寸是_____，最大极限尺寸是_____，最小极限尺寸是_____；上偏差是_____，下偏差是_____，公差是_____。

(2) $\phi 60\pm 0.015$ 的上偏差是_____，公差是_____，基本偏差是_____。

(3) $\phi 50n6$ 中的n是_____，6是_____，下偏差是_____。

(4) $\phi 30_{-0.041}^{-0.020}$ 的基本偏差是_____，公差等级是_____，公差是_____。

(5) $\phi 40k8$ 孔的上偏差是_____，下偏差是_____，公差是_____。

(6) $\phi 40_{-0.050}^{-0.025}$ 轴的上偏差是_____，下偏差是_____，公差是_____，基本偏差是_____，公差等级是_____。

2. 根据装配图(图1)上的配合尺寸，补注零件图(图2、图3、图4)上所缺的尺寸(同时标注出公差带代号和极限偏差值)。

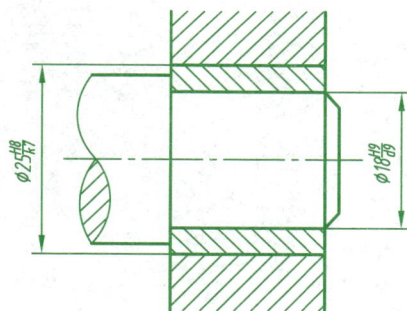
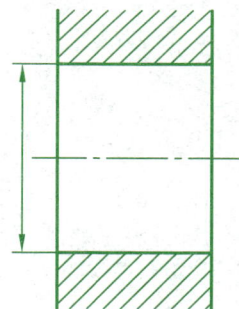

图1　　　　　　　　　图2

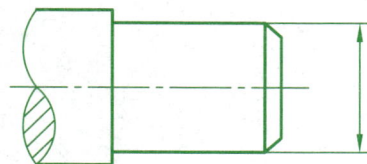
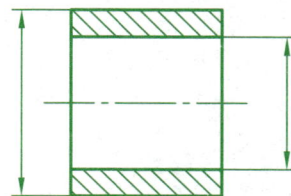

图3　　　　　　　　　图4

(1) $\phi 18\dfrac{H9}{d9}$ 属于_____制_____配合。

(2) $\phi 25\dfrac{H8}{k7}$ 属于_____制_____配合。

(3) 画出 $\phi 18\dfrac{H9}{d9}$ 和 $\phi 25\dfrac{H8}{k7}$ 的配合公差带图。

3. 根据装配图中的配合代号，查表得出偏差值，将其标注在零件图上，并填空。

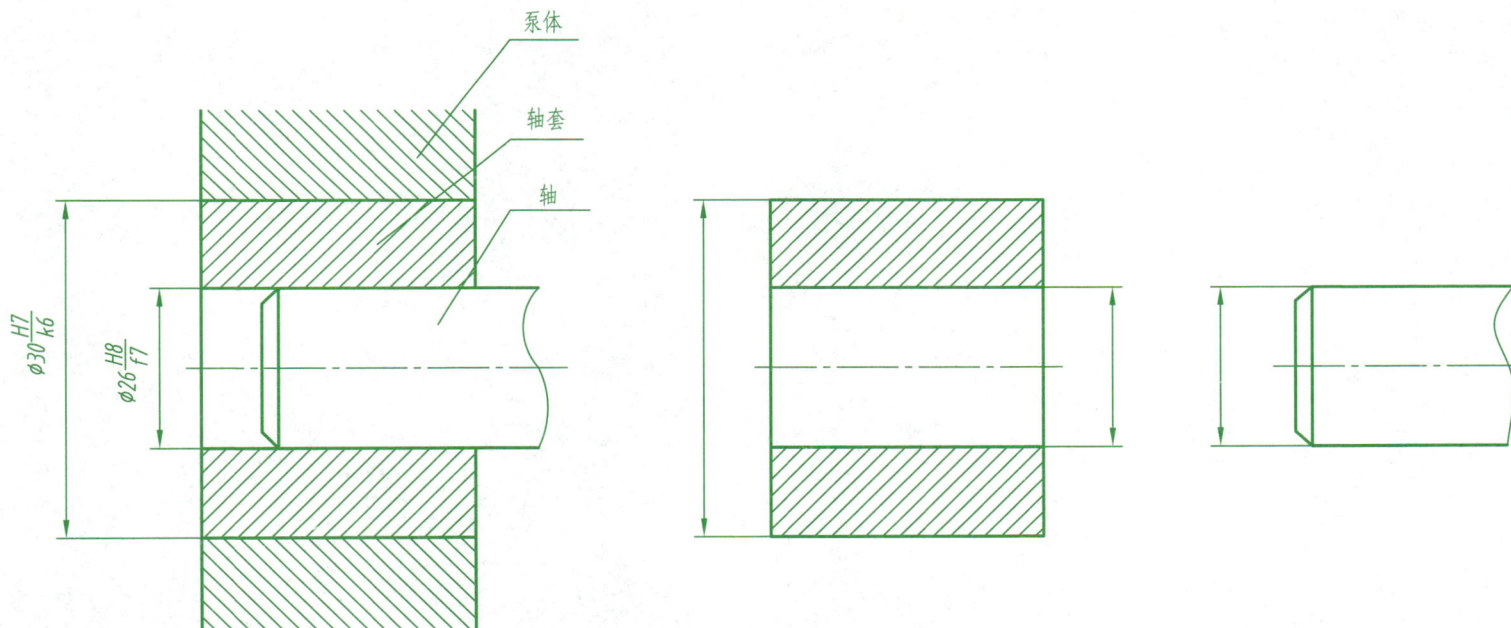

泵体

轴套

轴

$\phi30\dfrac{H7}{k6}$

$\phi26\dfrac{H8}{f7}$

(1) 轴套与泵体孔 $\phi30\dfrac{H7}{k6}$ 基本尺寸为_____，是基_____制；公差等级：轴IT_____级，孔IT_____级，轴套与泵体孔是_____配合；轴套：上偏差是_____，下偏差是_____；泵体孔：上偏差是_____，下偏差是_____。

(2) 轴与轴套 $\phi26\dfrac{H8}{f7}$ 基本尺寸为_____，是基_____制；公差等级：轴IT_____级，孔IT_____级，轴与轴套是_____配合；轴：上偏差是_____，下偏差是_____；轴套：上偏差是_____，下偏差是_____。

1. 读轴零件图，然后填空。

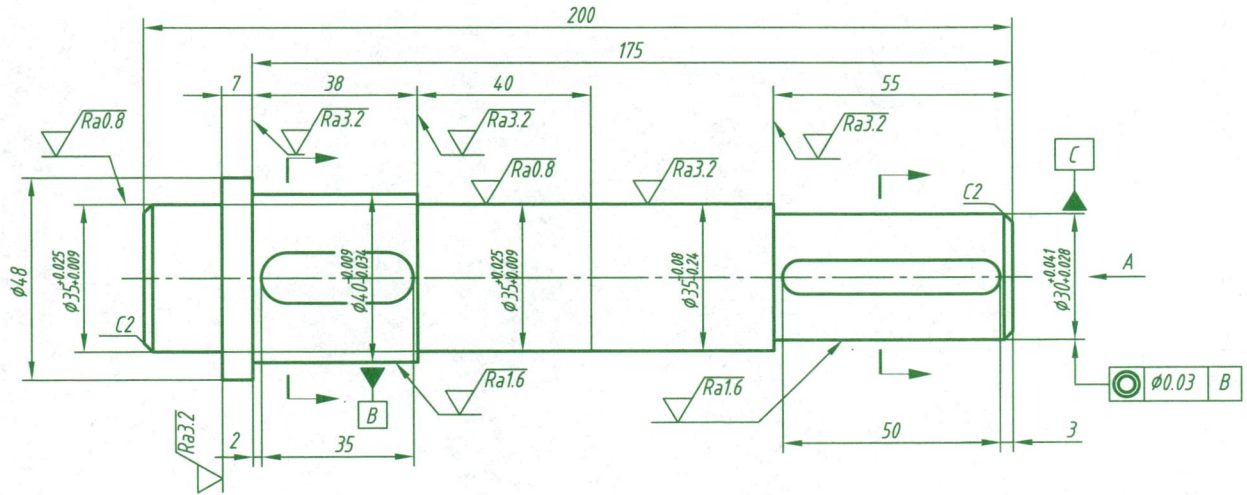

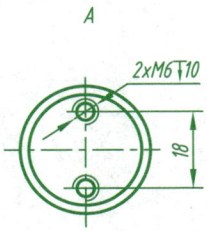

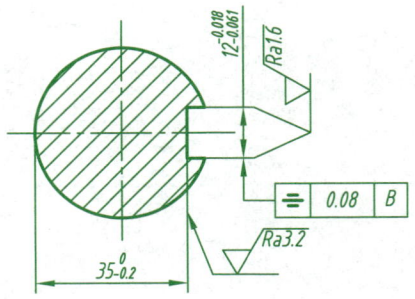

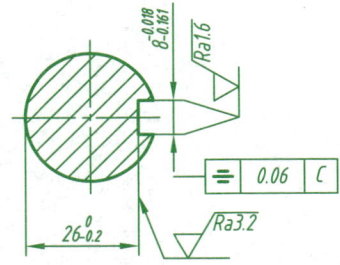

技术要求

1. 调质处理，硬度为224～250HBS.

2. 各轴肩处过渡圆角R1.

$\sqrt{Ra12.5}$ ( $\sqrt{}$ )

| 轴 | 比 例 | 材 料 | 图号 |
|---|---|---|---|
| | 1：1 | 45 | |
| 制图 | | （日期） | (校名) |
| 审核 | | （日期） | |

2.读输出轴零件图，然后填空。

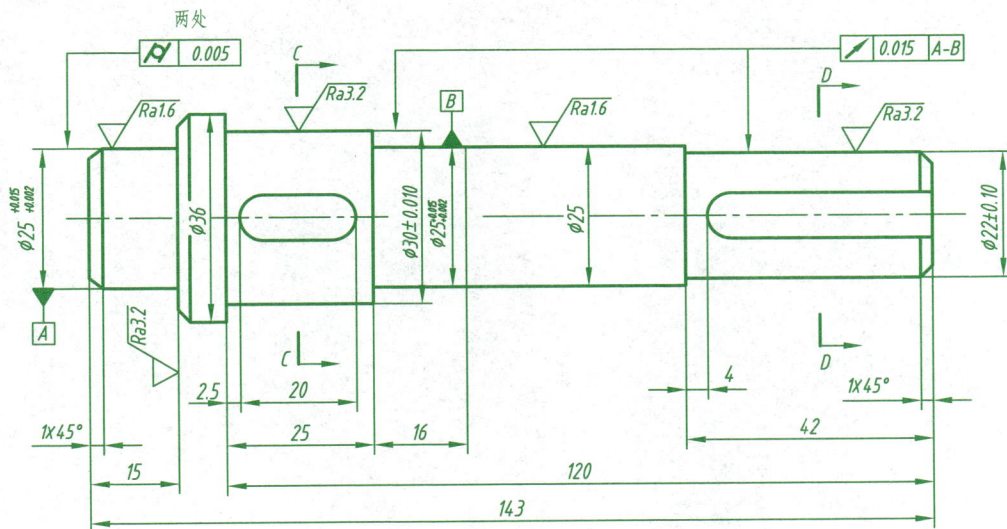

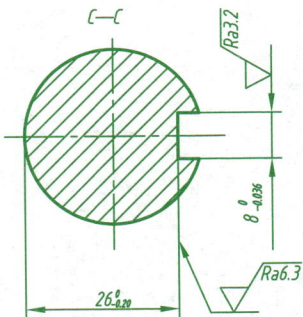

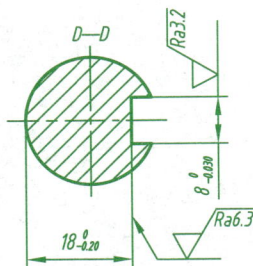

技术要求
1.调质处理190~230HBS.
2.未注圆角R1.5.

| 输 出 轴 | 比例 | 材料 | 图号 |
|---|---|---|---|
| | 1:1 | 45 | |
| 制图 | (日期) | | |
| 审核 | (日期) | (校名) |

3. 读轴零件图，然后填空。

(1) 该零件的名称是＿＿＿＿＿＿，材料是＿＿＿＿＿＿，绘图比例是＿＿＿＿＿＿。

(2) 该零件图用＿＿＿＿个视图表示的，各视图的名称是＿＿＿＿＿＿＿＿＿＿＿＿＿。

(3) 该零件上两个键槽的宽度分别为＿＿＿＿＿＿和＿＿＿＿＿＿，长度分别是＿＿＿＿＿＿和＿＿＿＿＿＿，长度方向的两尺寸分别为＿＿＿＿＿＿和＿＿＿＿＿＿。

(4) 尺寸 $\phi 35^{+0.025}_{+0.009}$ 的最大极限尺寸为＿＿＿＿＿，最小极限尺寸为＿＿＿＿＿，公差为＿＿＿＿＿。

(5) 在该零件的加工表面中，要求最光洁的表面的表面粗糙度代号是＿＿＿＿＿，这种表面有＿＿＿＿＿处。

(6) 图中有＿＿＿＿＿形位公差代号，解释框格 $\boxed{= | 0.08 | B}$ 的含义：被测要素是＿＿＿＿＿，基准要素是＿＿＿＿＿，公差项目是＿＿＿＿＿，公差值是＿＿＿＿＿。

4. 读输出轴零件图，然后填空。

(1) 轴上 $\phi 22 \pm 0.10$ 的这段长度为＿＿＿＿＿，表面粗糙度代号为＿＿＿＿＿。

(2) 轴上中间平键的长度为＿＿＿＿＿，宽度为＿＿＿＿＿，深度为＿＿＿＿＿。

(3) $\boxed{\diagup | 0.005}$ 表示：被测要素为＿＿＿＿＿，公差项目为＿＿＿＿＿，公差值为＿＿＿＿＿。

(4) $\sqrt{Ra6.3}$ 表示：＿＿＿＿＿面的表面粗糙度的上限值为＿＿＿＿＿。

(5) 下列尺寸中哪些是定形尺寸？哪些是定位尺寸？

   $\phi 30 \pm 0.010$ 是＿＿＿＿＿尺寸，2.5是＿＿＿＿＿尺寸。

(6) $\phi 25^{+0.015}_{+0.002}$ 的含义：基本尺寸为＿＿＿＿＿，基本偏差为＿＿＿＿＿，上偏差为＿＿＿＿＿，公差值为＿＿＿＿＿。

(7) 该零件上表面结构要求最高的值为＿＿＿＿＿；要求最低的表面结构代号为＿＿＿＿＿。

# 项 目 五

## 轮盘盖类零件图的绘制与识读

1.作 $B$—$B$ 剖视图。

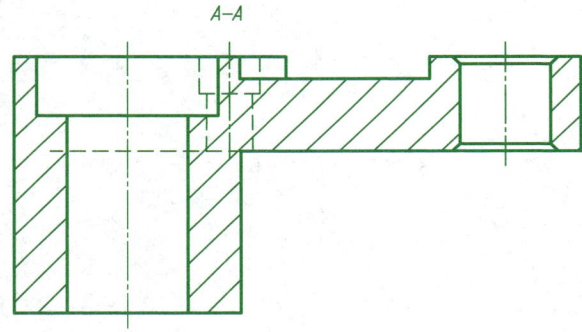

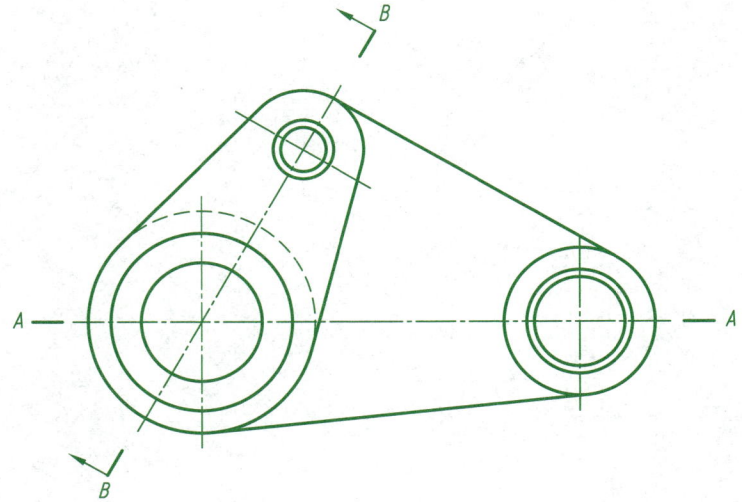

2. 将下面的主视图画成全剖视图。

(1)

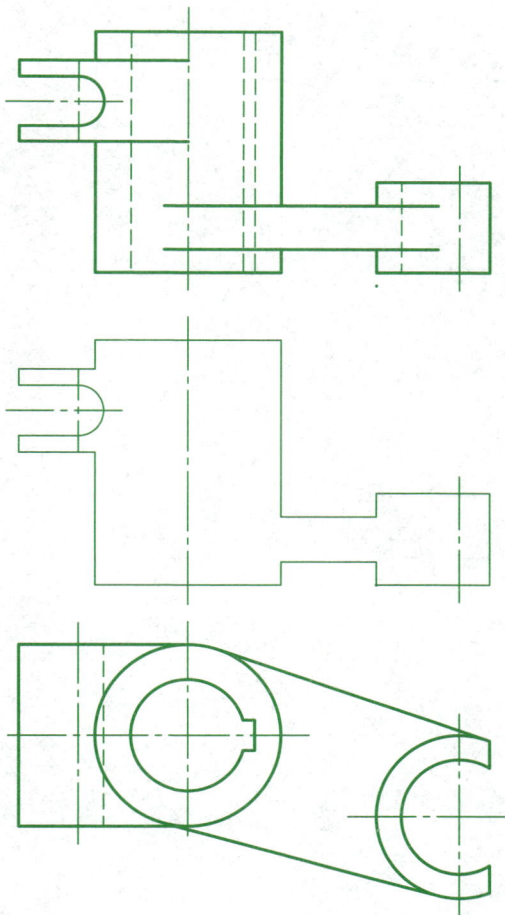

(2)

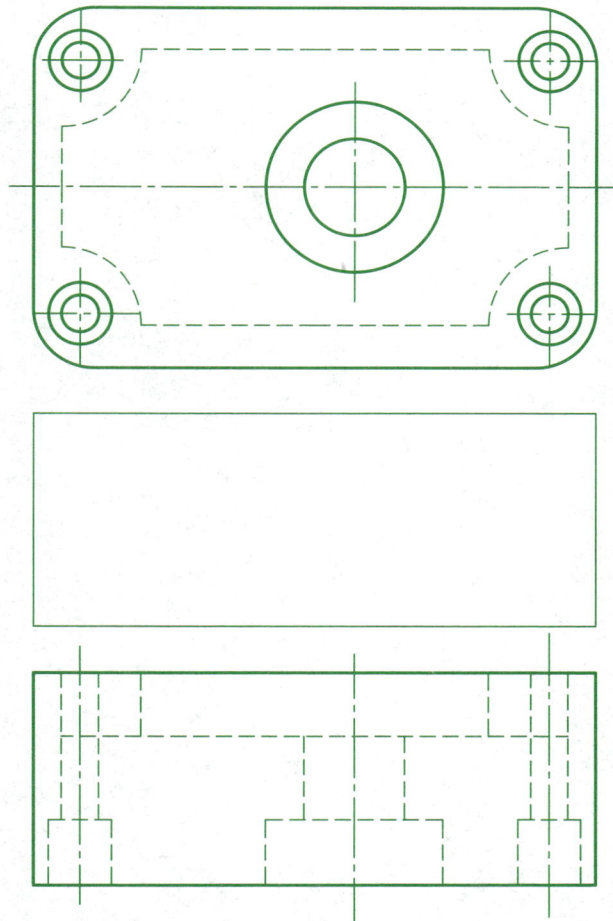

(3)

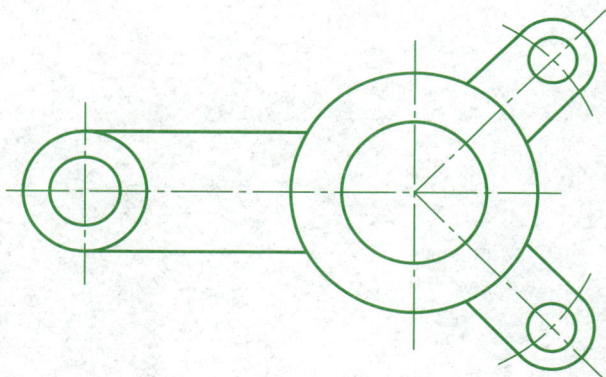

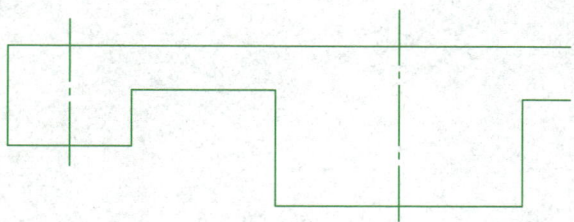

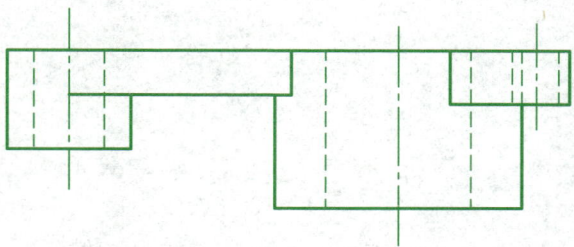

(4)

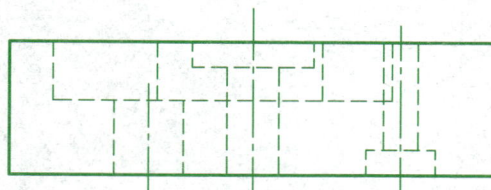

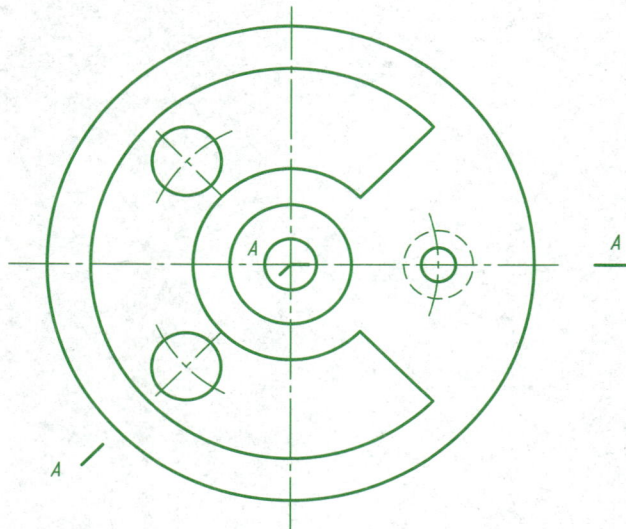

班级　　　　　　姓名　　　　　　学号

(5)

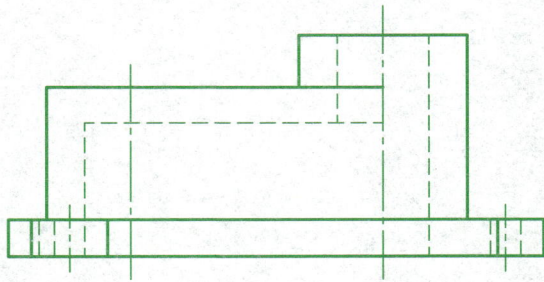

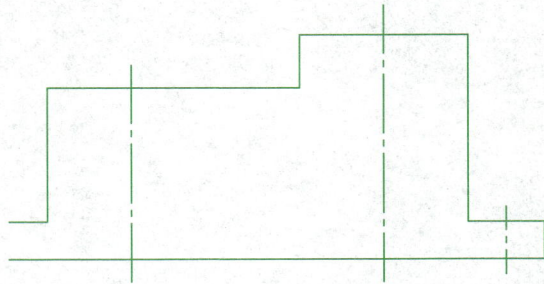

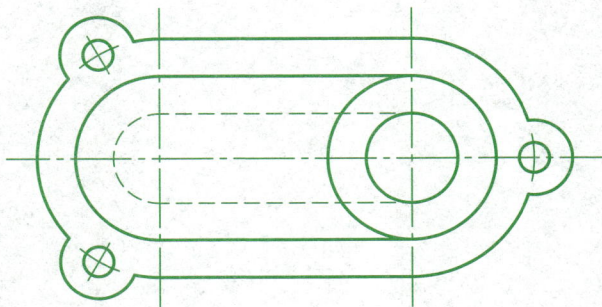

(6)

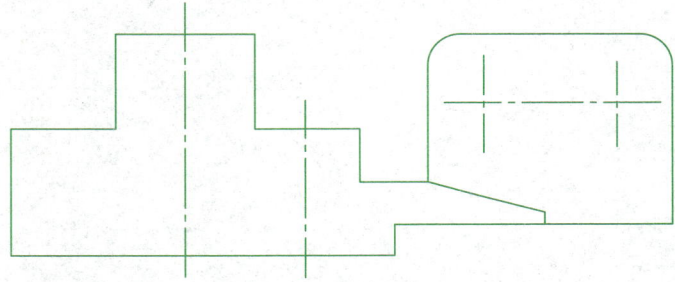

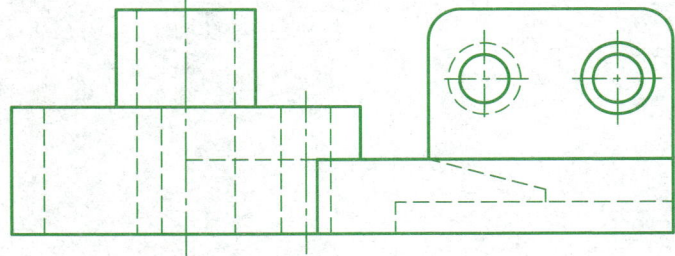

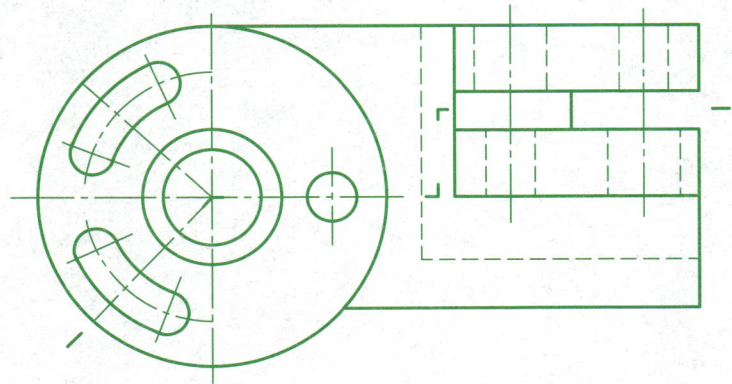

3. 按规定画法在指定位置画出正确的剖视图。

(1)

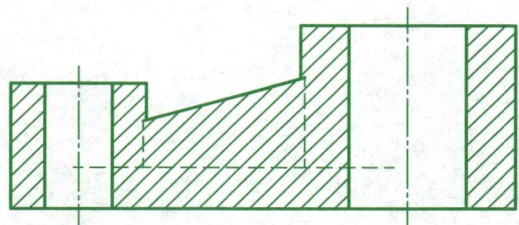

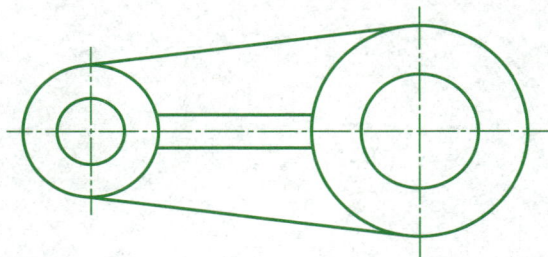

(2)

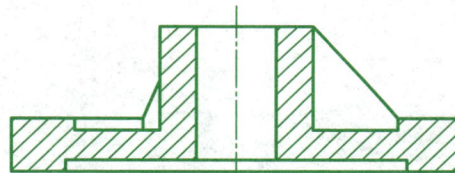

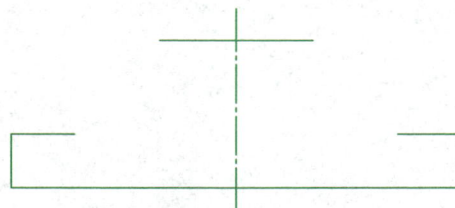

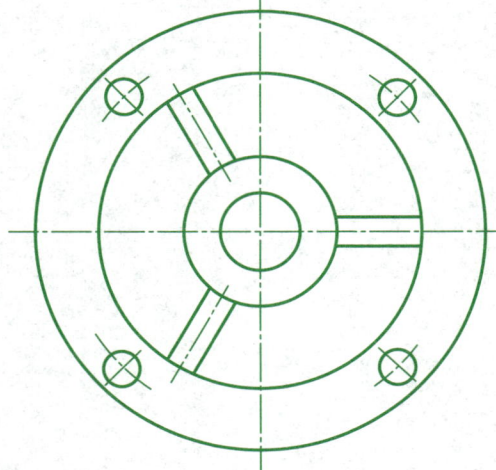

1. 识读通盖零件图,并填空。

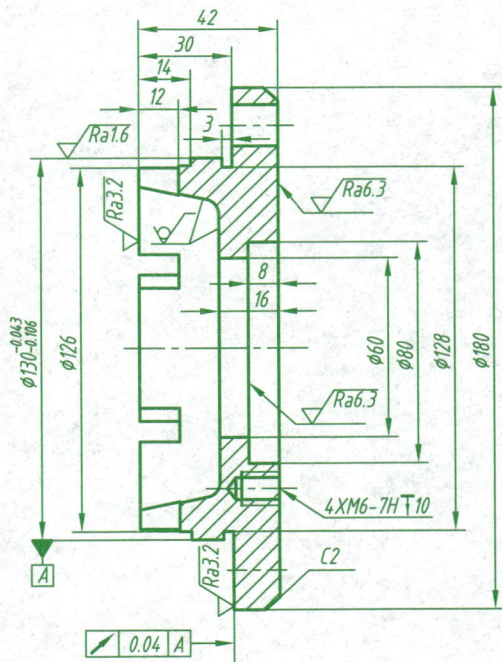

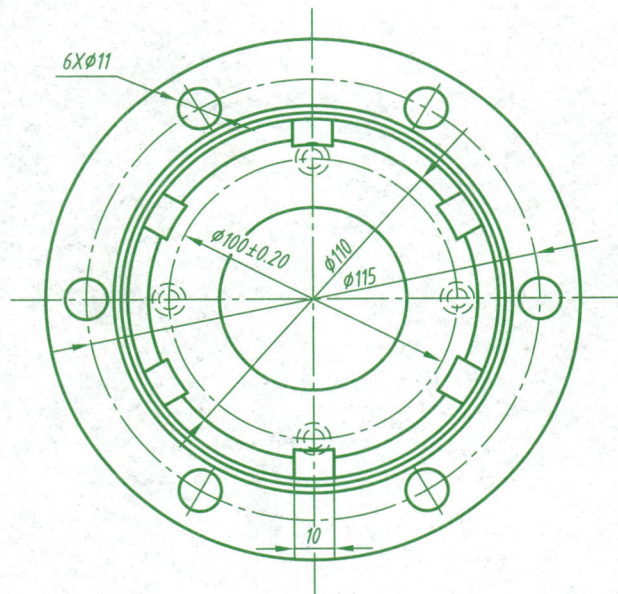

（1）该零件的名称是_____，属于_____类零件。

（2）该零件用了_____个基本视图表达，_____视图采用_____剖视图。

（3）在图中指出零件长、宽、高三个方向的尺寸基准。

（4）通盖的周围有_____个圆孔，它们的直径为_____，定位尺寸为_____。

（5）通盖上有_____个槽，它们的宽度为_____，深度为_____。

（6）零件表面要求最高的表面粗糙度代号为_____，要求最低的为_____。

$\sqrt{Ra12.5}$ ( $\sqrt{\phantom{x}}$ )

| | 通 盖 | 比例 | 材 料 | 图号 |
|---|---|---|---|---|
| | | 1：2 | HT150 | |
| 制图 | | （日期） | | |
| 审核 | | （日期） | （校名） | |

## 5.2 轮盘盖类零件图的识读

2. 读轴承盖零件图，并回答问题。

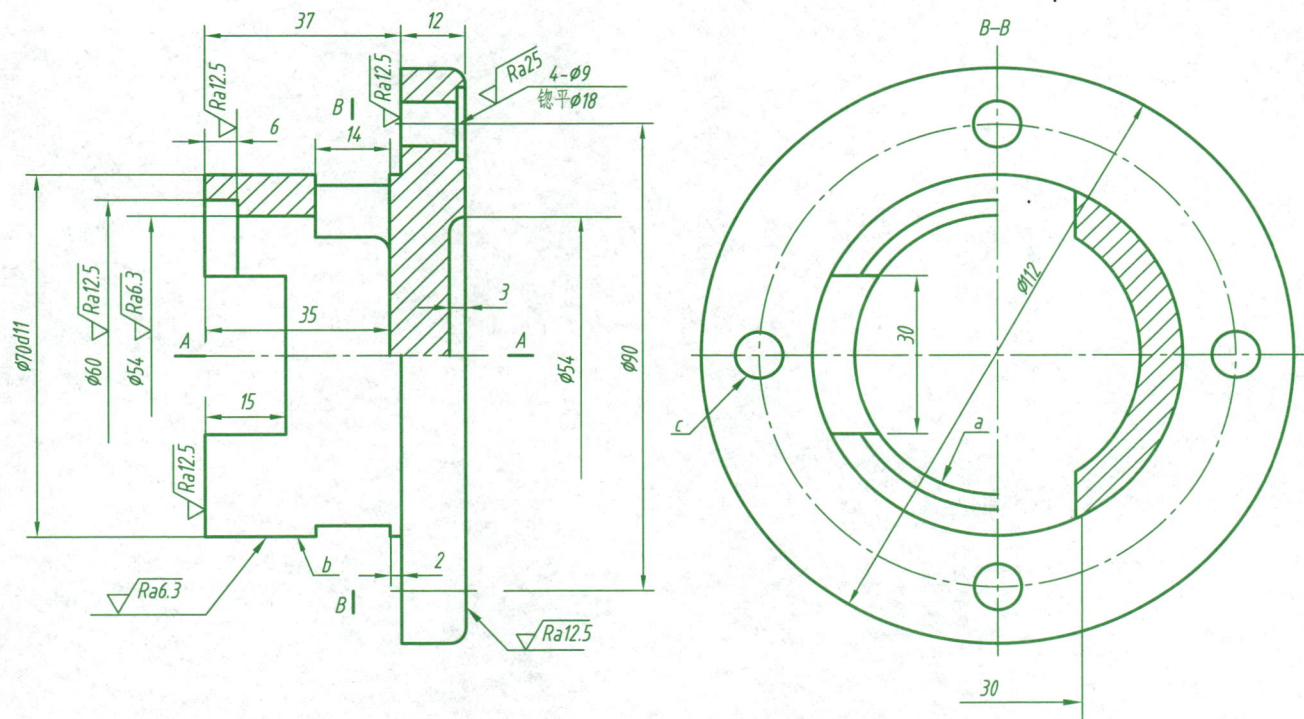

技术要求

1. 未注圆角为 R2；
2. 铸件不得有气孔、裂纹等缺陷。

| | 轴承盖 | 比例 | 材料 | 图号 |
|---|---|---|---|---|
| | | 1：1 | HT200 | |
| 制图 | | (日期) | | (校名) |
| 审核 | | (日期) | | |

读轴承盖零件图，并回答问题：

(1) 表示该零件结构采用了_____视图与____视图，它们均采用了_____表示方法。

(2) 表面*a*和表面*b*的粗糙度代号为____和____，表面*c*的粗糙度代号为_____。

(3) $\phi 70d11$表示基本尺寸是_____，公差带代号是_____，基本偏差为_____，公差等级为_____。

(4) 在图样上指出该零件的径向和轴向尺寸基准。

(5) 画出*A—A*剖视图(用简化画法，对称机件剖视图只画一半)。

*A—A*

# 项目六

## 叉架类零件图的绘制与识读

1. 读托架零件图，并回答问题。

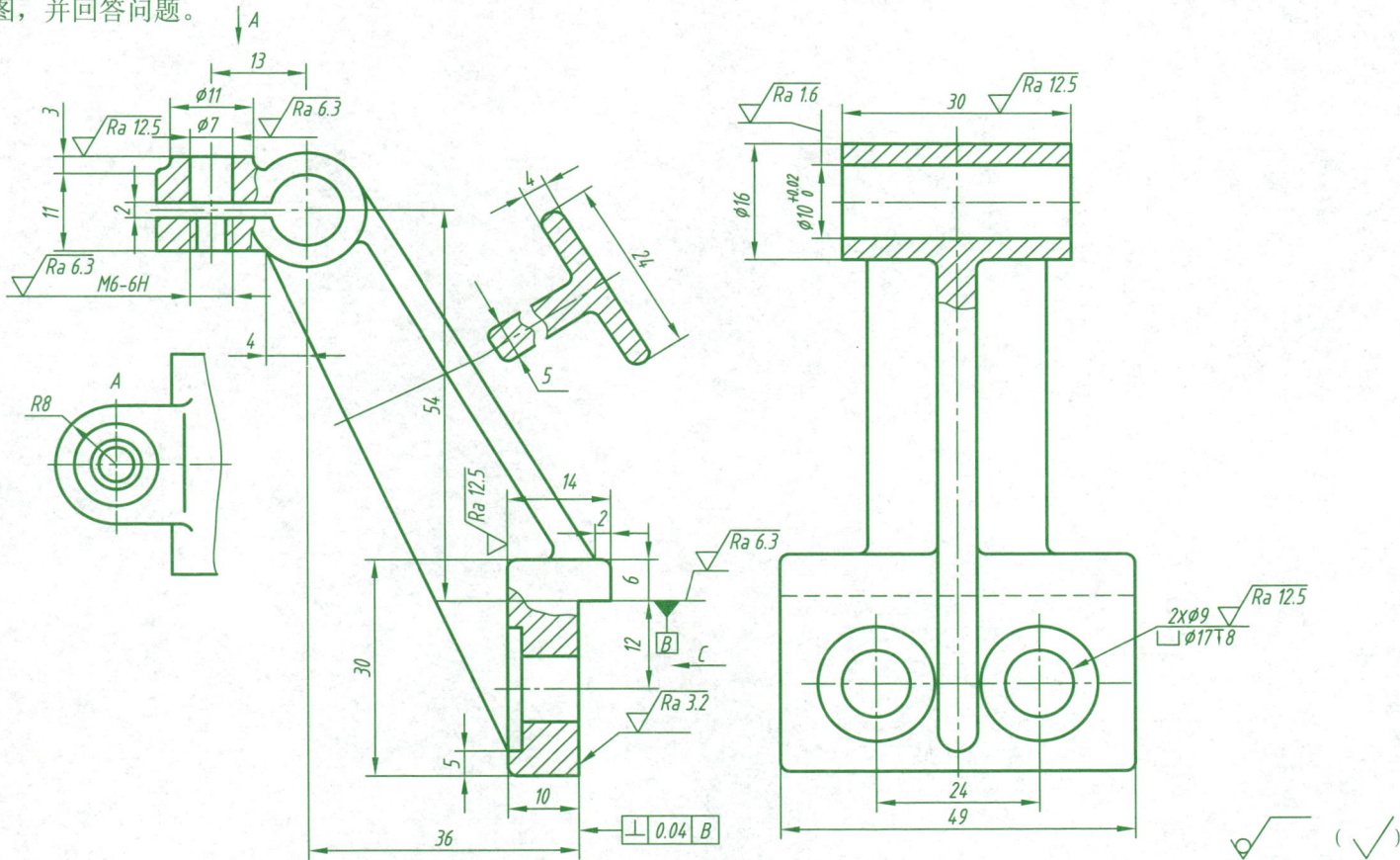

技术要求

未注铸造圆角为 R3。

| 托　架 | | 比例 | 材　料 | 图号 |
|---|---|---|---|---|
| | | 1:2 | HT200 | |
| 制图 | | (日期) | (校名) | |
| 审核 | | (日期) | | |

读托架零件图，回答下列问题：

(1) 该零件的名称是_____，比例是_____，材料是_____。

(2) 表达该零件所用的一组图形分别是_____、_____、_____、_____。

(3) 此零件的连接部分是一个_____形肋板，连接部分的肋板厚度分别为_____和_____。

(4) 尺寸M6-6H中的M表示_____螺纹，6为_____，6H的含义是_____。

(5) 框格 ⊥ 0.04 B 表示的形位公差项目是_____，其被测要素是_____，基准要素是_____。

(6) $\phi 7$孔的定位尺寸是_____，$\phi 10^{+0.02}_{0}$的定位尺寸是_____，其表面粗糙度代号分别为_____和_____。

(7) 作出C向局部视图。

2.读拨叉零件图，并回答问题。

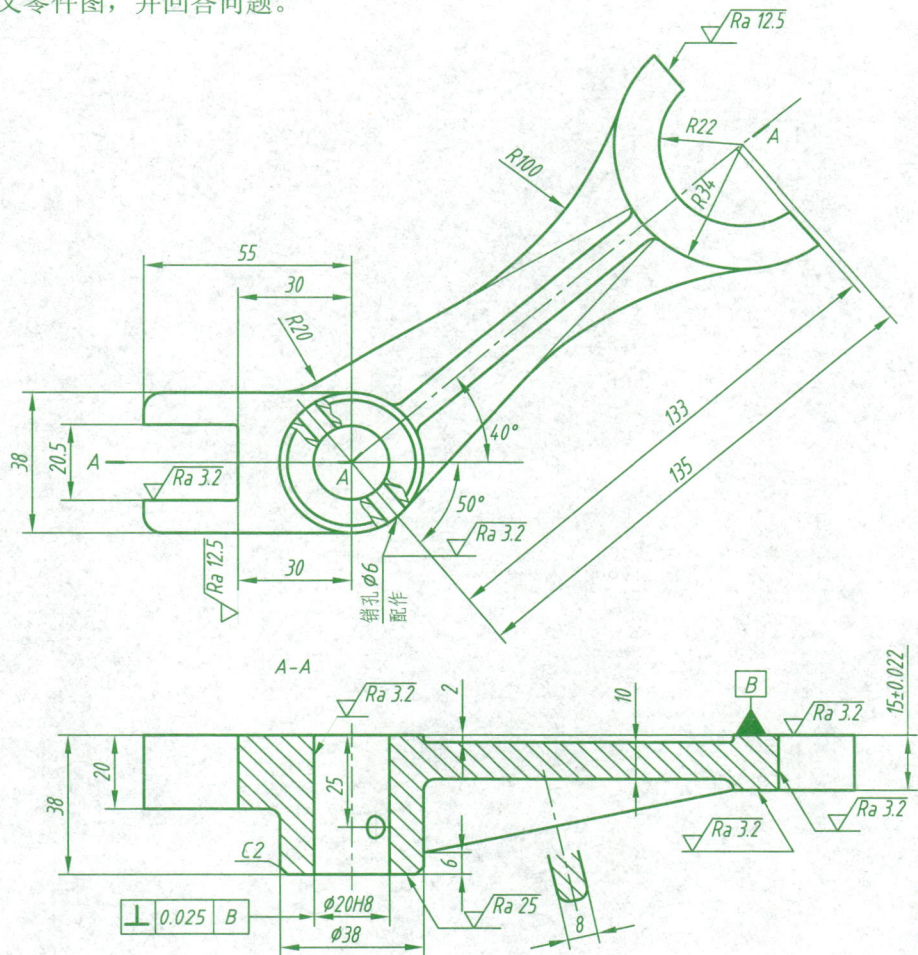

技术要求

未注圆角 *R2～R5*。

| 拨 叉 | | 比例 | 材 料 | 图号 |
|---|---|---|---|---|
| | | 1:1 | HT200 | |
| 制图 | | (日期) | | (校名) |
| 审核 | | (日期) | | |

读拨叉零件图，回答下列问题：

(1) 该零件的名称是_____，零件图采用的比例是_____，材料是_____。

(2) 表示该零件所用的一组图形分别是_____、_____、_____，俯视图采用了_____表示方法。

(3) 此零件中肋板的厚度为_____，定位尺寸为_____。

(4) 销孔$\phi$6的定位尺寸为_____、_____。

(5) 安装孔$\phi$20H8的上偏差为_____，下偏差为_____。

(6) 表面粗糙度 $\sqrt{Ra\ 3.2}$ 有____处，$\sqrt{\quad}$ 的含义是_____。

(7) $\boxed{\perp\ |\ \phi 0.025\ |\ B}$ 表示被测要素为_____，基准要素为_____，公差项目为_____，公差值为_____。

# 项目 七

## 箱体类零件图的绘制与识读

## 7.1 视图练习

1. 根据主、俯、左视图，补画出右、仰、后视图。

(1)

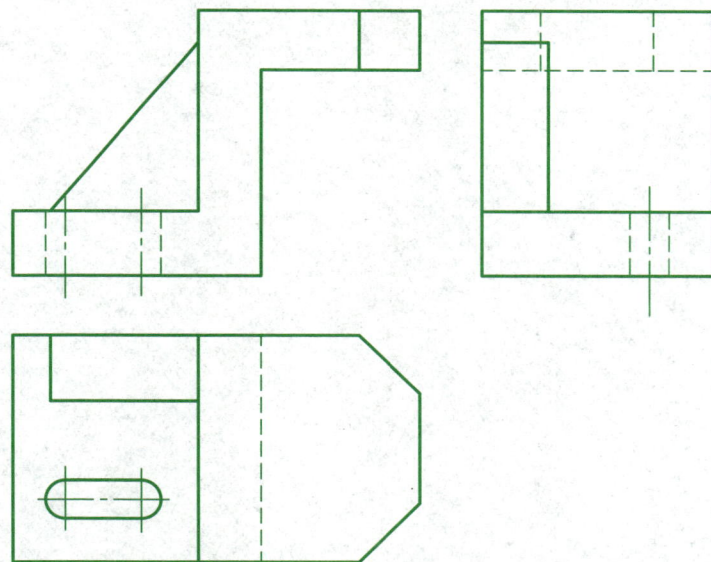

(2) 根据主、俯、左视图，补画出C、D向视图。

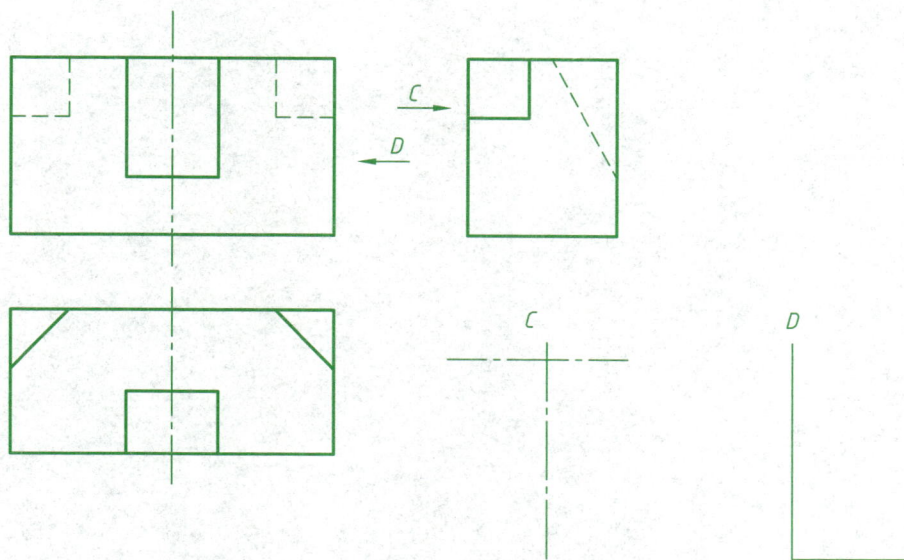

2. 根据轴测图，画出斜视图和局部视图。

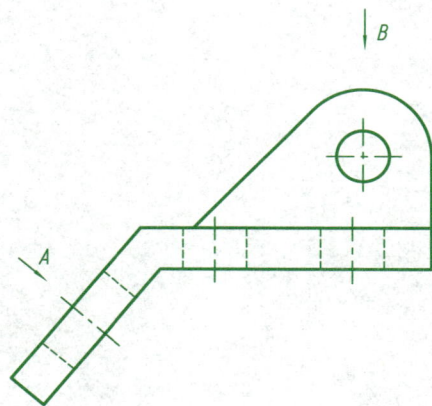

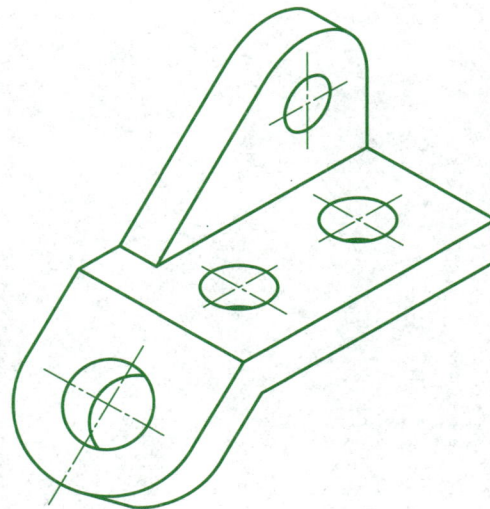

3. 在指定位置作出局部视图和斜视图。

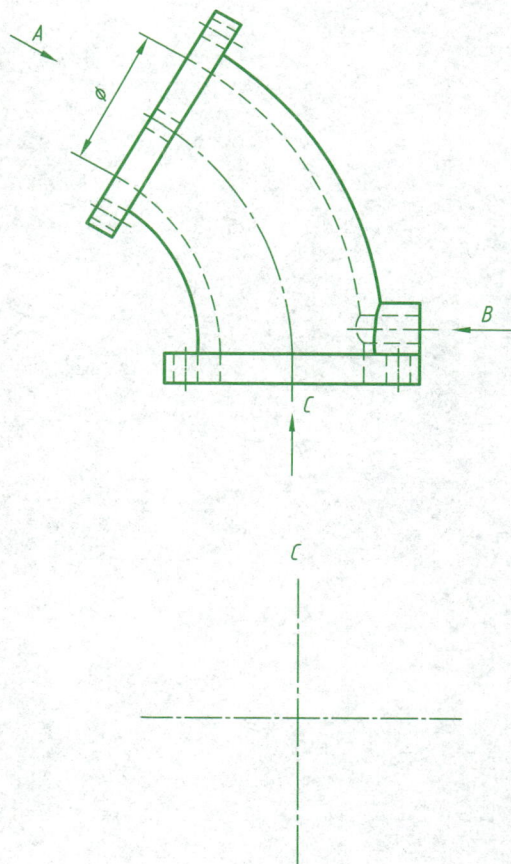

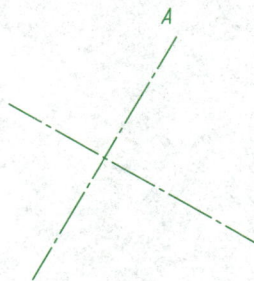

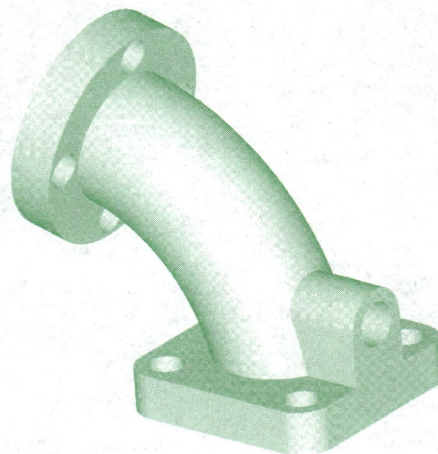

识读尾座零件图和箱体零件图，并回答问题。

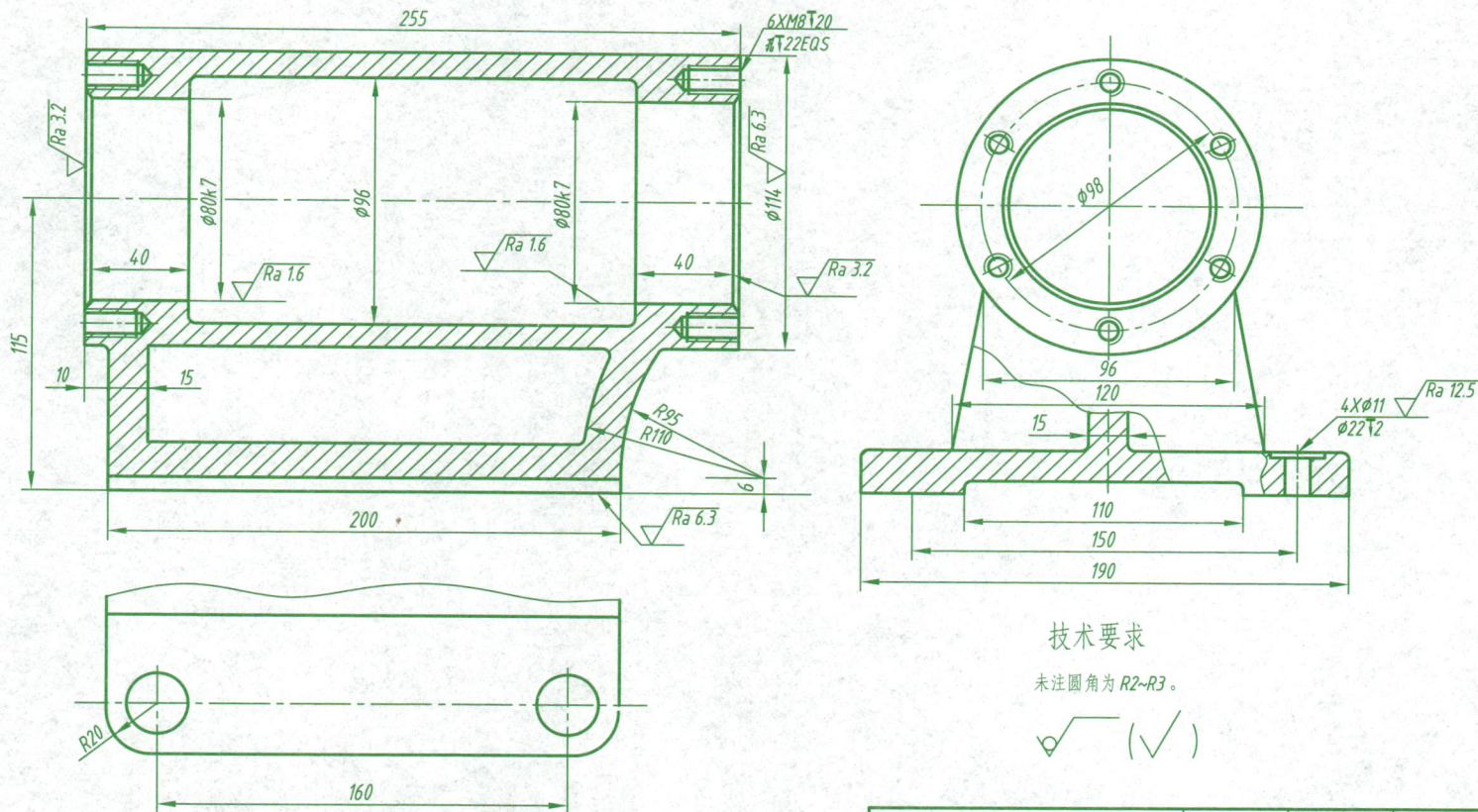

255

6XM8▽20
孔▽22EQS

Ra 3.2

Ø80k7

Ø96

Ø80k7

Ø114

40

Ra 1.6

Ra 1.6

40

Ra 3.2

115

10

15

R95
R110

6

200

Ra 6.3

Ra 6.3

R20

160

Ø98

96

120

15

4XØ11
Ø22▽2

Ra 12.5

110

150

190

技术要求

未注圆角为 R2~R3。

√ (√)

| 尾 座 | 比例 | 材 料 | 图号 |
|---|---|---|---|
| | 1:2 | HT200 | |
| 制图 | | （日期） | （校名） |
| 审核 | | （日期） | |

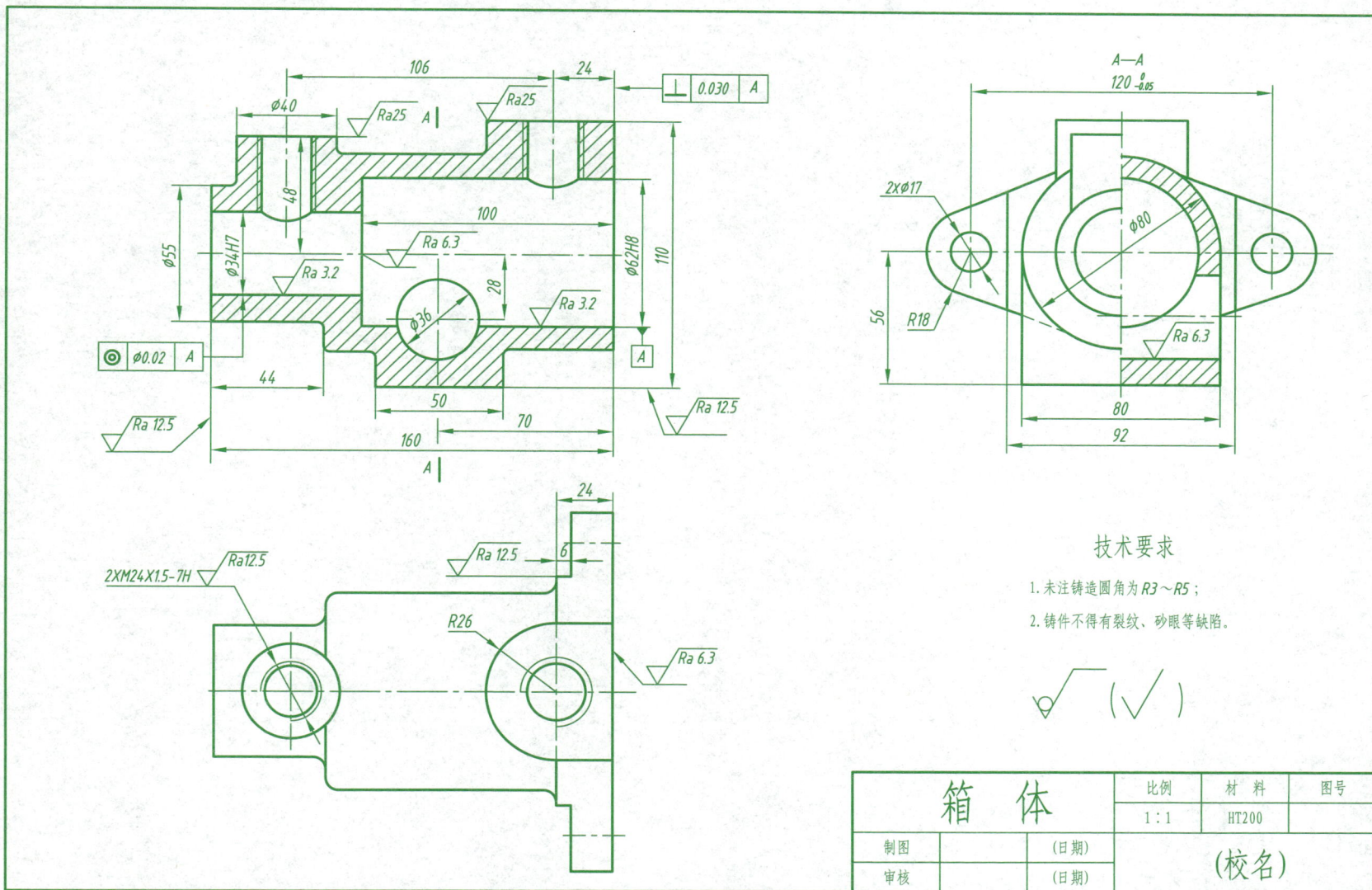

### 技术要求

1. 未注铸造圆角为 R3~R5；

2. 铸件不得有裂纹、砂眼等缺陷。

| 箱 体 | | 比例 | 材　料 | 图号 |
|---|---|---|---|---|
| | | 1：1 | HT200 | |
| 制图 | | （日期） | | |
| 审核 | | （日期） | （校名） | |

读尾座零件图，回答下列问题：

(1) 根据零件的名称和结构形状，可知此零件属于_____类零件；主视图采用了_____剖视，俯视图采用了_____视图，左视图采用了_____剖视。

(2) 用指引线和文字在图上注明长、宽、高三个方向尺寸的主要基准。

(3) 在主、左视图中，下列尺寸属于哪种类型(定位、定形)尺寸：115是_____尺寸；$\phi98$是_____尺寸；$R110$是_____尺寸；$R95$是_____尺寸；150是_____尺寸。

(4) 零件上共有_____个螺孔，它们的尺寸分别是_____。

(5) 解释 $Ra\ 1.6$ 的含义：_____。

读箱体零件图，回答下列问题：

(1) 该零件要求最高的表面粗糙度是_____。√ 表示_____。

(2) 图中，$2\times M24\times1.5\text{-}7H$结构的定位尺寸分别为_____和_____。

(3) 框格 ◎ $\phi0.02$ $A$ 表示被测要素为_____，基准要素为_____，允许的误差为_____。

(4) 用文字指出长、宽、高三个方向的主要尺寸基准。箱体的总长为_____，总宽为_____，总高为_____。

(5) 孔$\phi62H8$的最大极限尺寸为_____，最小极限尺寸为_____。当孔的尺寸为$\phi62.05$时，该零件是否合格？_____。

# 项 目 八

# 零 件 的 测 绘

# 作业指导

1. 作业内容。

根据零件实物或零件的立体图测绘四类典型零件，选择1～2个典型零件，用A3图幅画出零件的工作图。

2. 作业目的。

(1) 熟悉零件测绘的步骤。

(2) 进一步培养根据零件结构特点选择零件表达方案的能力。

(3) 熟悉零件图尺寸的标注方法和技术要求的填写。

3. 作业要求。

(1) 零件表达方案选择合理，视图表达完整、清晰。

(2) 零件结构，特别是工艺结构要合理、完整、准确。

(3) 尺寸与技术要求等标注完整、正确。

4. 方法指导。

(1) 仔细分析零件的作用及结构特点，选择恰当的表达方法，确定零件的表达方案。

(2) 凭目测，按大致比例徒手绘制零件草图，注意零件草图绝非潦草之图，其内容、要求与零件工作图完全一样，只是不用仪器工具作图而已。

(3) 选用合适的测量工具进行测量，测量的同时标注零件尺寸。注意：对零件的标准结构要素(如工艺结构、螺纹、键槽、销孔等)的尺寸，应查阅有关标准手册来确定。

(4) 对零件草图进行认真检查、修改、整理后，画出零件工作图。

5. 注意事项。

所绘制零件工作图应符合如下要求：

(1) 选用的视图方案，对零件结构形状的表达应完整、正确、清晰，符合规定画法及标注。

(2) 尺寸标注应符合规定，做到不错、不遗漏、清晰(便于读图)、合理(符合设计和工艺要求)。标准结构的尺寸应标准化。

(3) 表面粗糙度、尺寸公差、形位公差等技术要求，注写须符合规定，要既能保证零件质量，又能降低零件制造成本。要做到这一点，应查阅相关资料(如教材、标准手册、同类型的零件图等)。

(4) 布图合理，图形、图面整洁，字体工整。

## 8.1 零件的测绘

1. 由轴测图画出其零件图。

### 作业要求

1. 合理选择表达方案，并标注其尺寸。

2. 将下面文字说明的技术要求用公差框格注写在图中：

φ28f8 和 φ16f8 外圆表面对两条 φ20k7 公共轴线的径向圆跳动公差分别为 0.050 mm 和 0.040 mm。

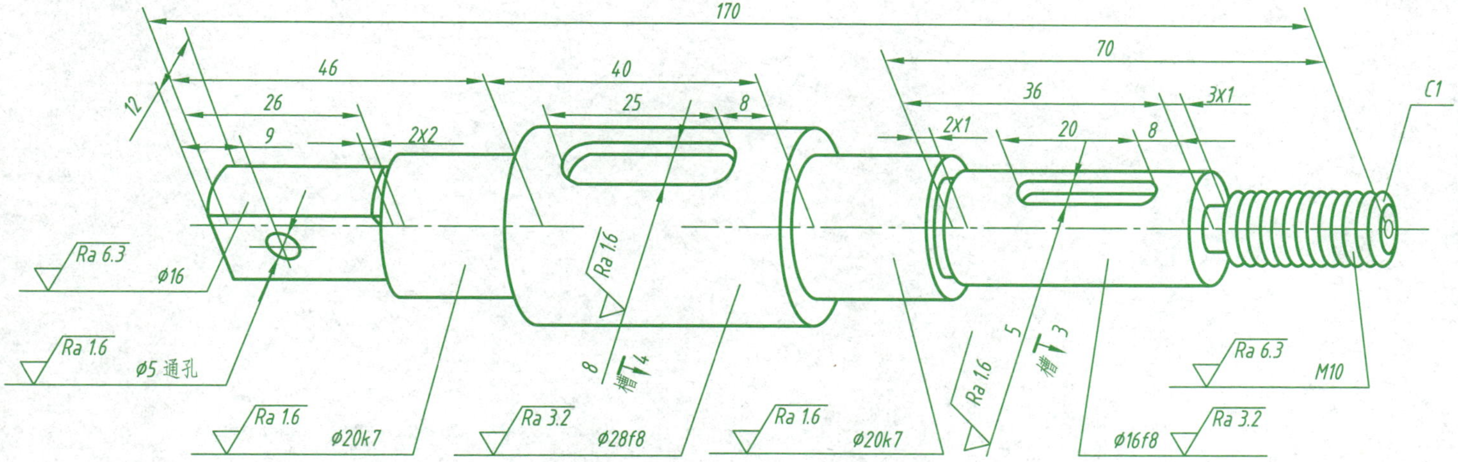

### 技术要求

1. 热处理：淬火硬度为 40~45HRC。

2. 去除毛刺。

名称：轴

材料：45钢

班级　　　　　　　　姓名　　　　　　　　学号

2.由端盖轴测图画出其零件图。

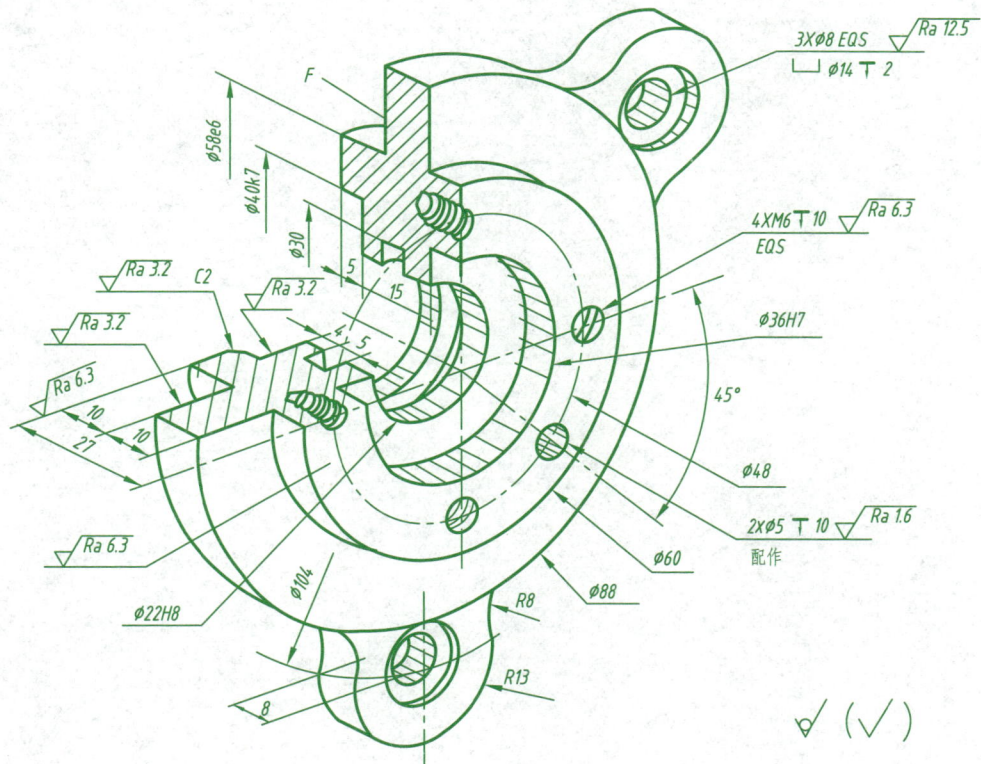

3X∅8 EQS ▽Ra 12.5
⊔ ∅14 ⊤ 2

F

∅58e6
∅40k7
∅30
5
15

Ra 3.2 C2
Ra 3.2
Ra 3.2
4 5

Ra 6.3
10
27
10

Ra 6.3

∅104
∅22H8

R8
8
R13

4XM6 ⊤ 10 ▽Ra 6.3
EQS

∅36H7

45°

∅48

2X∅5 ⊤ 10 ▽Ra 1.6
配作

∅60
∅88

√ (√)

**作业要求**

(1) 合理确定表达方案，并标注尺寸。
(2) 合理标注以下技术要求：
① 端面 F 对∅22H8轴线的垂直度公差为0.040 mm。
② ∅58e6 轴线对∅22H8轴线的同轴度公差为∅0.025 mm。

名称：端盖
材料：HT150

3.由支座轴测图画出其零件图。

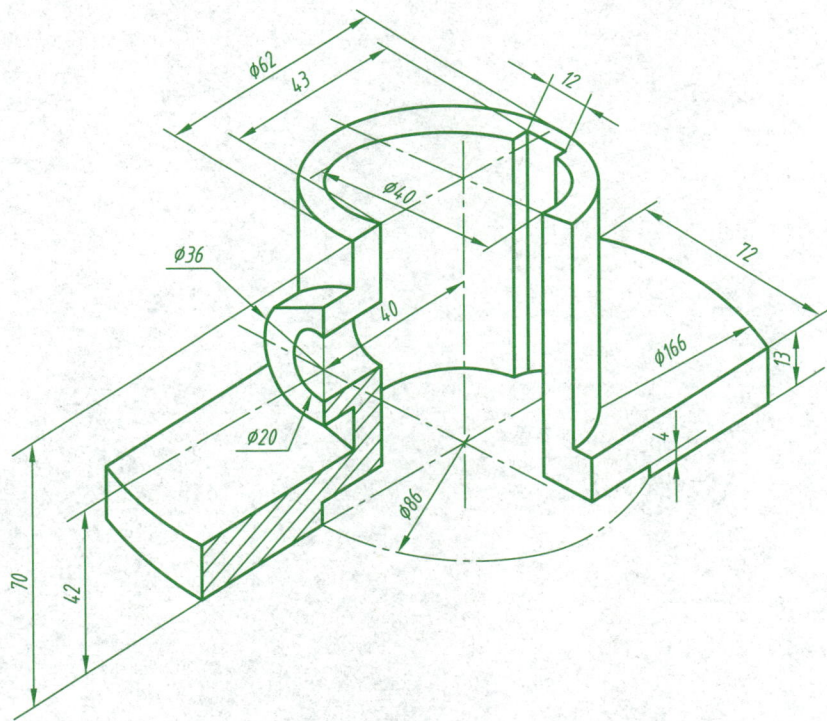

Φ62
43
12
Φ40
Φ36
40
72
Φ166
13
Φ20
4
70
42
Φ86

**作业要求**

1.合理选择表达方案,并标注尺寸。

2.合理标注以下技术要求:

(1) 表面粗糙度: 孔面 $\sqrt{Ra\ 1.6}$ , 槽面 $\sqrt{Ra\ 3.2}$ ,

顶面、底面 $\sqrt{Ra\ 6.3}$ , 其余表面 $\sqrt{}$ ( $\sqrt{}$ )。

(2) 未注圆角为 $R3 \sim R5$ 。

名称: 支座
材料: HT200

4. 由阀体轴测图画出其零件图。

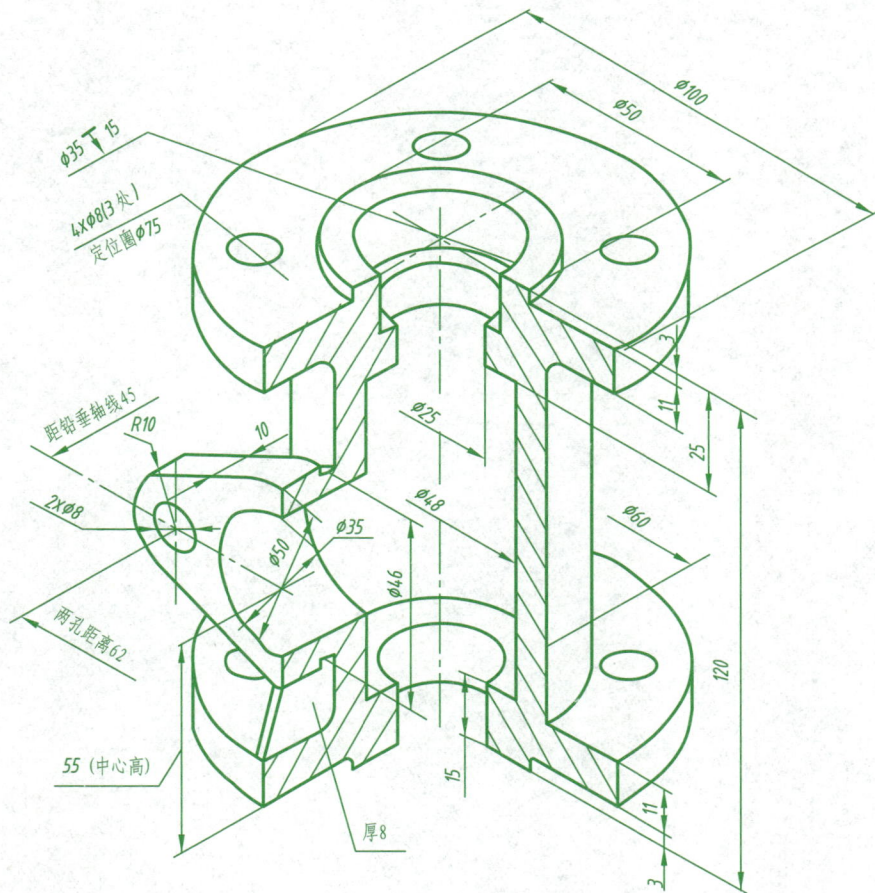

φ35 ⊤ 15

4×φ8(3 处1
定位圈φ75

φ50    φ100

距钻垂轴线45    R10    10

2×φ8    φ35    φ48    φ60

φ50    φ46    3    11    25

两孔距离62

55 (中心高)

厚8    15    11    3    120

作业要求

1. 合理选择表达方案，并标注尺寸。

2. 合理标注表面粗糙度要求：

(1) 孔为 √Ra 6.3。

(2) 端面为 √Ra 12.5。

(3) 其余为 √。

技术要求

未注圆角为R3~R5。

名称：三通管
材料：HT150

# 项 目 九

## 标准件与常用件的绘制

1. 找出螺纹的画法错误之处，并在其下方画出正确的图形。

(1)

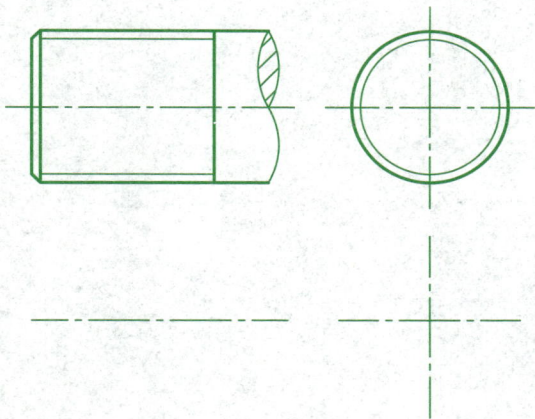

(2)

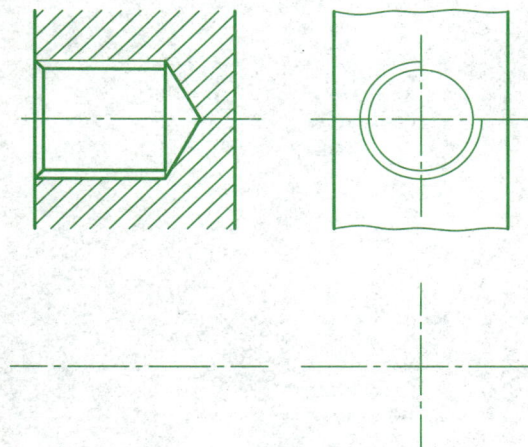

(3)

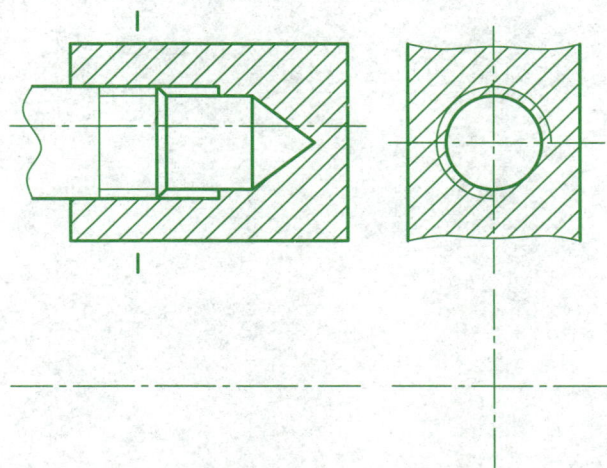

2. 在图上标注出下列螺纹的规定标记。

(1) 粗牙普通螺纹公称直径为20 mm，螺距为2.5 mm，右旋，中径公差带代号为7g，顶径公差带代号为6g，中等旋合长度。

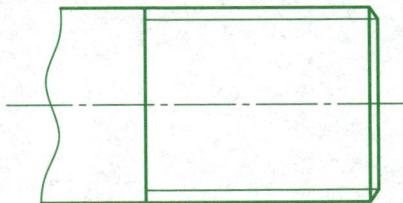

(2) 细牙普通螺纹公称直径为16 mm，螺距为2 mm，左旋，中、顶径公差带代号为6H，短旋合长度。

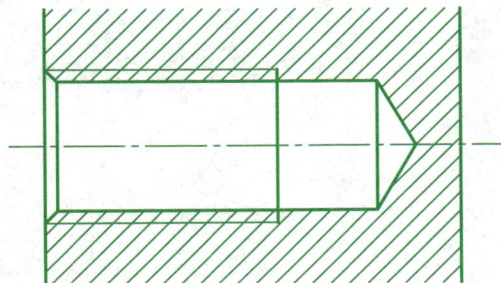

(3) 非螺纹密封圆柱管螺纹，尺寸代号为1/2，左旋，公差等级为A级。

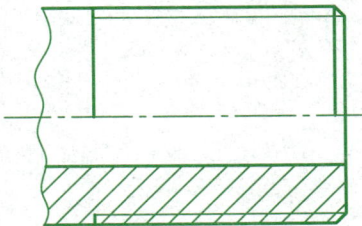

(4) 梯形螺纹公称直径为36 mm，螺距为6 mm，线数为2，右旋，中径公差带代号为7E，中等旋合长度。

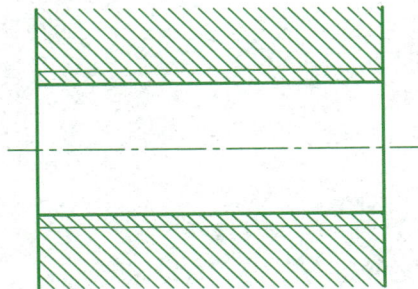

班级　　　　　　　　姓名　　　　　　　　学号

1. 补全螺栓连接视图中所缺的图线。

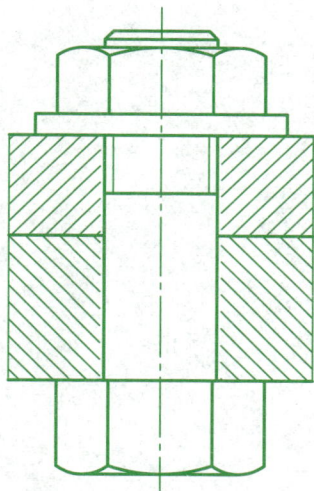

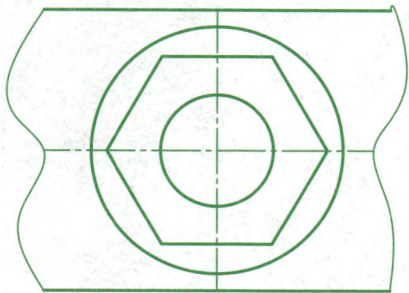

2. 指出下面螺钉连接图中的错误，并将正确的图形画在右边。

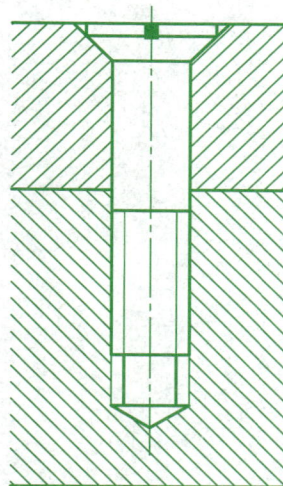

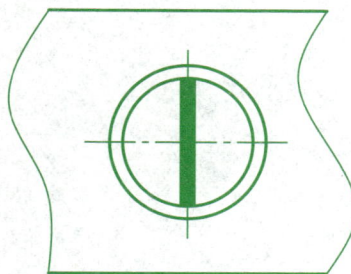

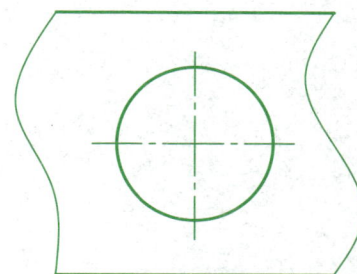

## 9.3 圆柱齿轮的画法

1. 已知直齿圆柱齿轮的模数为5，齿数为40，试计算各部分尺寸，完成两视图(比例为1∶2)，并标注尺寸。

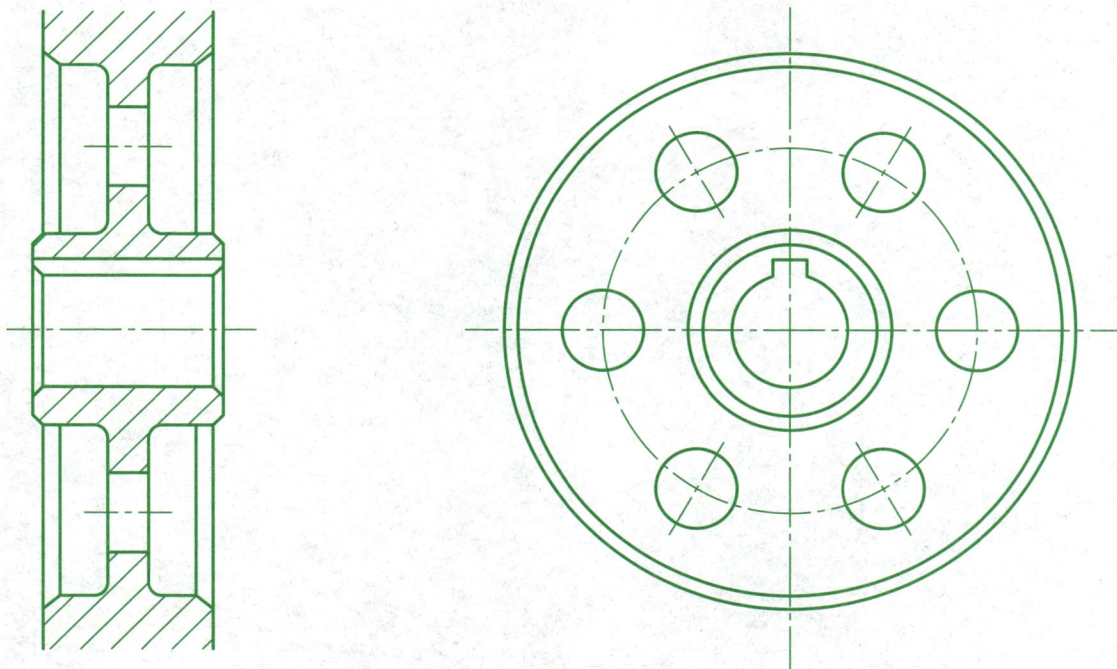

2. 已知标准直齿圆柱齿轮 $m=4$ mm，$Z_1=28$；另一小齿轮齿数 $Z=17$，孔径为 $18$ mm，两齿轮宽度相等。试计算大、小齿轮的各部分尺寸，并用 $1:1$ 的比例画出齿轮啮合图。

1. 画出轴上 $\phi$28处键槽的断面图，查表确定并标注轴和皮带轮孔的键槽尺寸。

$\phi$28

1.5X45°

5

$\phi$28

2. 画出第1题中轴与皮带轮连接后的装配图(该图中的键槽规定画在上方)，并标注键的尺寸。

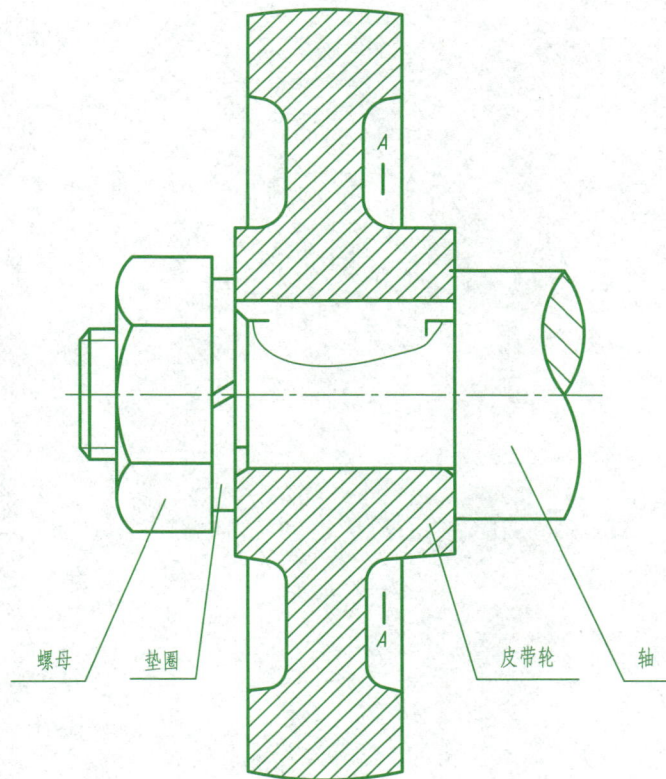

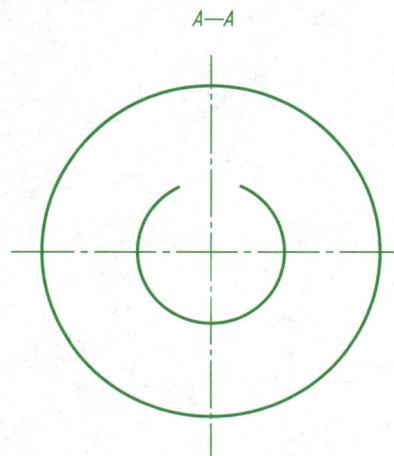

A—A

螺母　　垫圈　　　　　　　　皮带轮　　轴

键_____GB/T 1096—2003。

班级　　　　　　姓名　　　　　　学号

1. 用2：1的比例画出$d$=6 mm的A型圆锥销连接图，并写出销的标记。

销的规定标记是：_____

2. 用简化画法画出6206轴承(右端面紧靠轴肩$A$)。

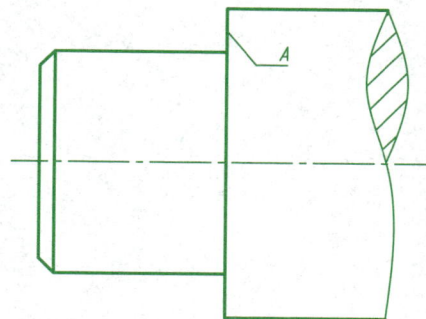

# 项目十

## 装配图的绘制与识读

## 作业指导

1. 作业名称及内容。

(1) 图名：千斤顶。

(2) 内容：根据所给装配体的结构特点、示意图和零件图，画出装配图。

2. 作业目的及要求。

(1) 作业目的：掌握绘制装配图的方法，为识读机械图样以及零件测绘奠定基础。

(2) 作业要求：恰当选择视图的表达方案，标注必要的尺寸，编写零件序号，填写标题栏、明细表。

3. 作业提示。

(1) 用A3图幅绘制，比例为1：1。

(2) 参阅千斤顶装配示意图，弄清工作原理，看懂全部零件图。

(3) 部件中的标准件可在装配轴测图或示意图上注写标记，若种类较多，应列表说明。

(4) 注意装配图上的规定画法，如剖面线的画法，剖视图中某些零件按不剖画法，允许简化或省略的各种画法等。

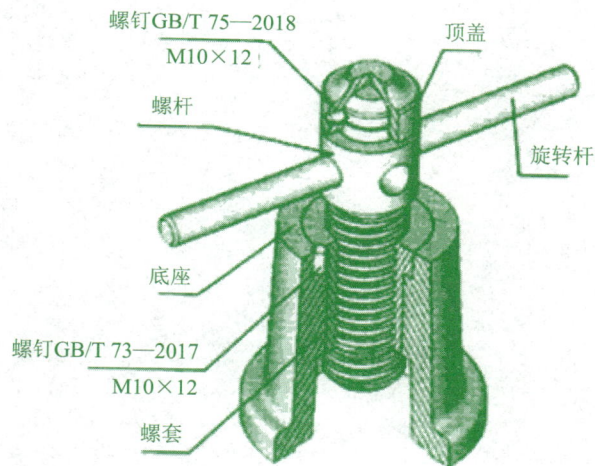

螺钉GB/T 75—2018
M10×12

顶盖

螺杆

旋转杆

底座

螺钉GB/T 73—2017
M10×12

螺套

**千斤顶装配示意图**

千斤顶工作原理：螺旋千斤顶利用螺旋传动来顶举重物，是汽车修理或机械安装等行业常用的一种起重或顶压工具，但其顶举的高度不能太大。旋转杆穿在螺杆顶部孔中，在螺杆的球面形顶部套一个顶盖，为了防止顶盖随螺杆一起转动且不脱落，可在螺杆顶部加工一个环形槽，将一紧定螺钉的端部伸进槽里锁住。

Φ110
Φ80H11 M10-6H 装配时制作
Ra 12.5
C2
20
15
17
Φ65H8($^{+0.046}_{0}$)
Ra 1.6
Φ80
140
R5
R5
R5
Φ120
Φ86
R5
60
C2
20
3
R2
Φ115
Φ150

Ra 6.3
Φ80c11
M10-6H
Ra 12.5
20
4
8
15
17
80
Ra 6.3
C2
Ra 12.5
Φ42
Φ50
Ra 1.6
Φ65k7

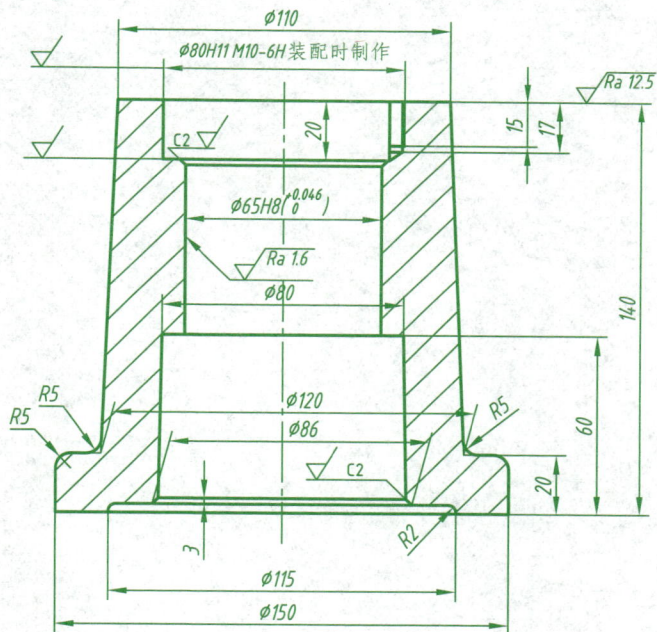

$\sqrt{}^{Ra\ 6.3} = \sqrt{}$     $\sqrt{}^{Ra\ 25}(\sqrt{})$

| 底 座 | 比例 | 材料 | 图号 |
|---|---|---|---|
| | 1:2 | HT200 | 1 |
| 制图 | (日期) | | (校名) |
| 审核 | (日期) | | |

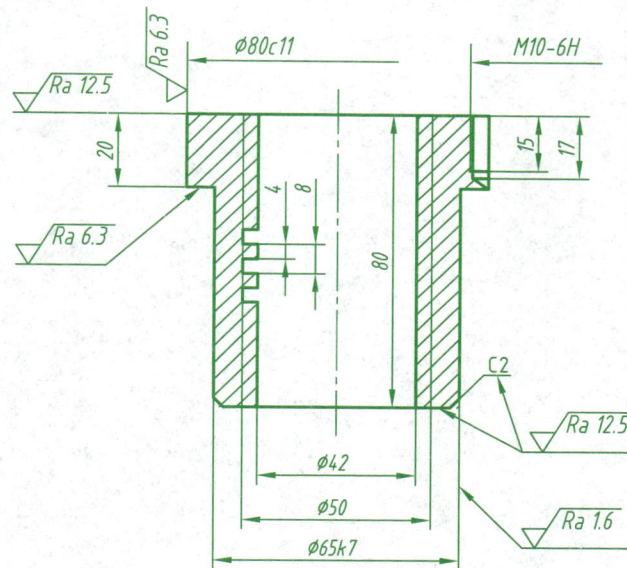

| 螺 套 | 比例 | 材料 | 图号 |
|---|---|---|---|
| | 1:2 | ZQA19-4 | 2 |
| 制图 | (日期) | | (校名) |
| 审核 | (日期) | | |

班级　　　　　姓名　　　　　学号

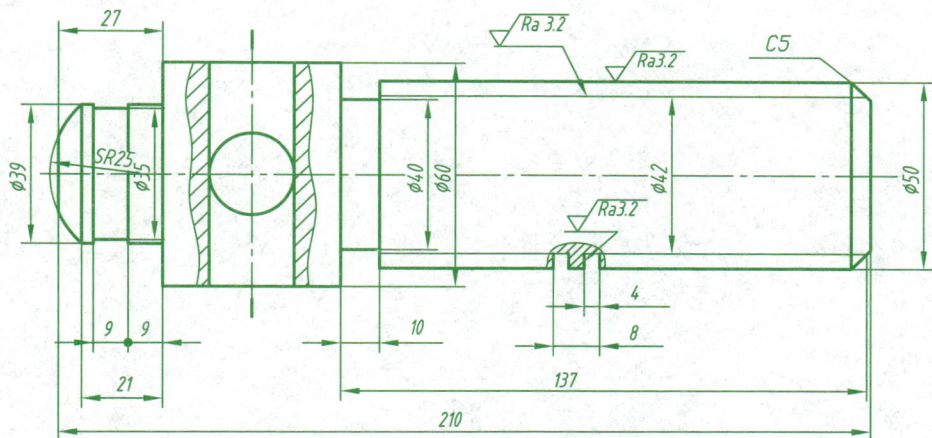

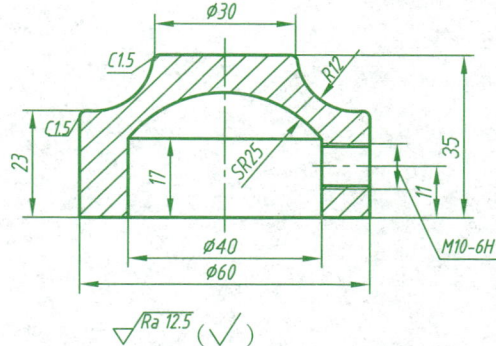

| 顶 盖 | | 比例 | 材料 | 图号 |
|---|---|---|---|---|
| | | 1:2 | Q275 | 4 |
| 制图 | | (日期) | | (校名) |
| 审核 | | (日期) | | |

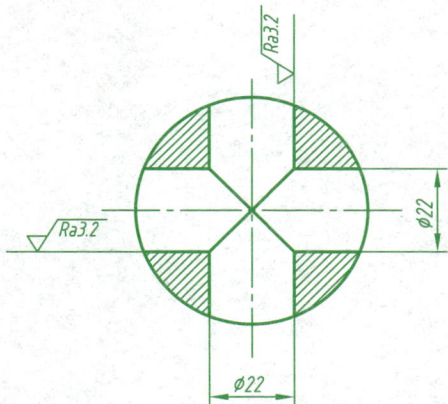

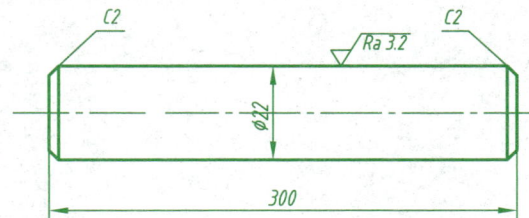

| 螺 杆 | | 比例 | 材料 | 图号 |
|---|---|---|---|---|
| | | 1:2 | Q275 | 3 |
| 制图 | | (日期) | | (校名) |
| 审核 | | (日期) | | |

| 螺旋杆 | | 比例 | 材料 | 图号 |
|---|---|---|---|---|
| | | 1:2 | Q235 | 5 |
| 制图 | | (日期) | | (校名) |
| 审核 | | (日期) | | |

钻模工作原理：

钻模是为在批量生产的零件上钻孔使用的专用模具。利用钻模可以准确定位、快速钻孔，从而达到提高生产效率的目的。当旋转特制螺母7时，可取下开口垫圈6，接着拿下钻模板3后，即可取出被加工零件，从而起到快速装卸工件的作用。

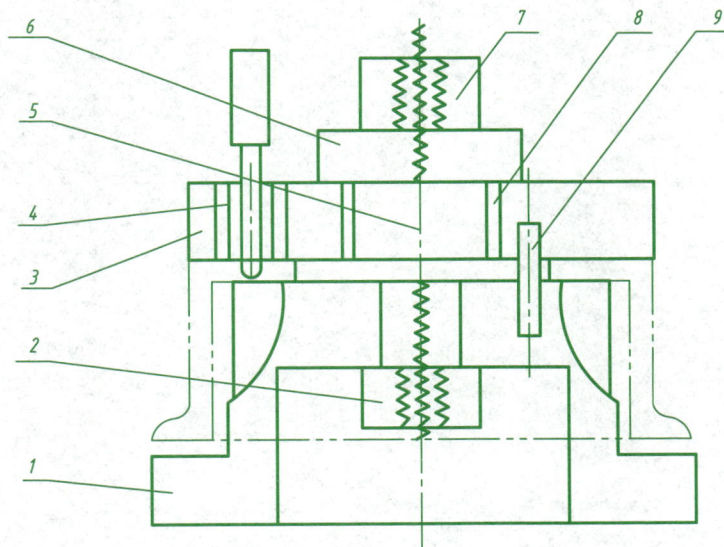

| 9 | 销 A∅5x28 | 1 | 40 | GB/1119-2000 |
|---|---|---|---|---|
| 8 | 衬套 | 1 | 45 | |
| 7 | 特制螺母 | 1 | Q235 | |
| 6 | 开口垫圈 | 1 | Q235 | |
| 5 | 轴 | 1 | 45 | |
| 4 | 钻套 | 1 | 70 | |
| 3 | 钻模板 | 1 | 45 | |
| 2 | 螺母 M16 | 1 | Q235 | |
| 1 | 底座 | 1 | HT150 | GB/16170-2000 |
| 序号 | 名 称 | 数量 | 材 料 | 备 注 |

| 钻 模 | 比 例 | |
|---|---|---|
| | 共 张 | 第 张 |

| 制图 | | （日期） | （校 名） |
|---|---|---|---|
| 审核 | | （日期） | |

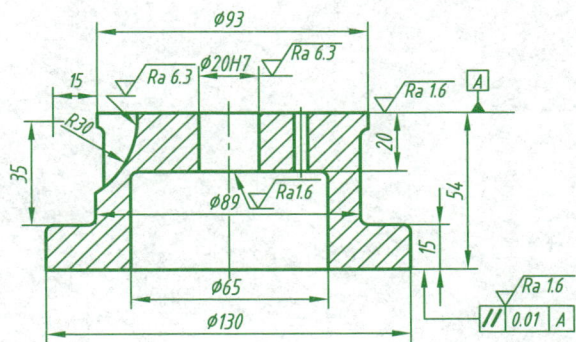

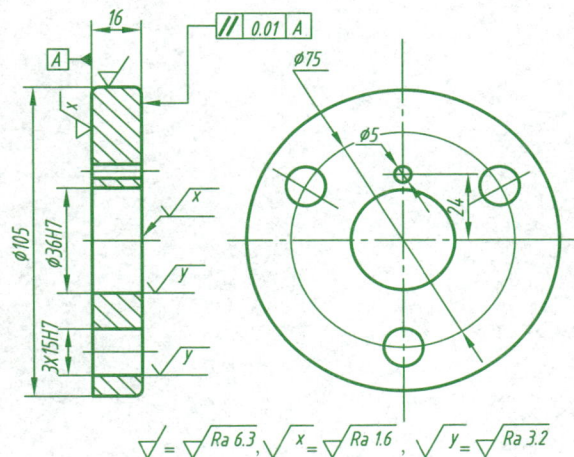

$\sqrt{} = \sqrt{Ra\ 6.3},\ \sqrt{x} = \sqrt{Ra\ 1.6},\ \sqrt{y} = \sqrt{Ra\ 3.2}$

技术要求

1. 未注圆角均为 R2；

2. 调质处理，硬度为 28~35HRC。

| 钻模板 | | 比例 | 材料 | 图号 |
|---|---|---|---|---|
| | | 1:2 | 45钢 | 2 |
| 制图 | | （日期） | | （校名） |
| 审核 | | （日期） | | |

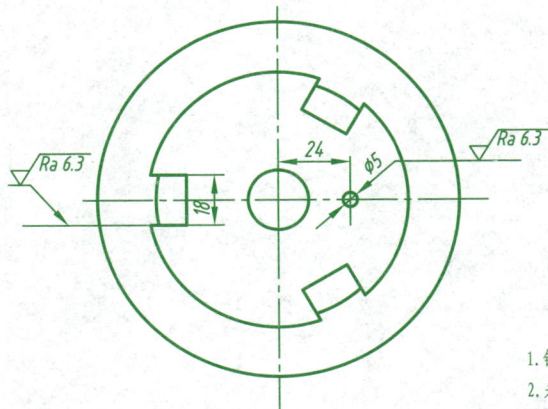

技术要求

1. 铸件经时效处理；

2. 未注圆角均为 R2；

3. 销孔配钻。

$\diamond(\sqrt{})$

| 底 座 | | 比例 | 材料 | 图号 |
|---|---|---|---|---|
| | | 1:2 | HT150 | 1 |
| 制图 | | （日期） | | （校名） |
| 审核 | | （日期） | | |

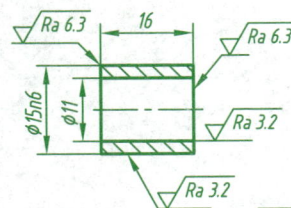

技术要求

淬火处理，硬度为 52~56HRC。

| 钻 套 | | 比例 | 材料 | 图号 |
|---|---|---|---|---|
| | | 1:2 | 70钢 | 3 |
| 制图 | | （日期） | | （校名） |
| 审核 | | （日期） | | |

班级　　　　姓名　　　　学号

## 10.2 根据钻模装配示意图和零件图，画出装配图

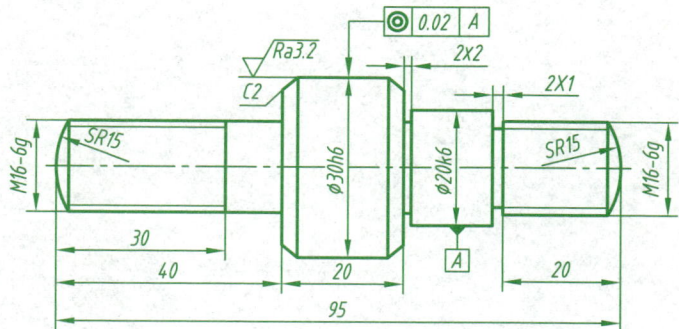

Ra3.2
C2
M16-6g
SR15
⌀30h6
2X2
◎ 0.02 A
2X1
A
⌀20k6
SR15
M16-6g

30
40
20
20
95

√Ra 6.3 ( √ )

技术要求
调质处理，硬度为28~34HRC。

| 轴 | | 比例 | 材料 | 图号 |
|---|---|---|---|---|
| | | 1:2 | 45钢 | 4 |
| 制图 | | (日期) | | (校名) |
| 审核 | | (日期) | | |

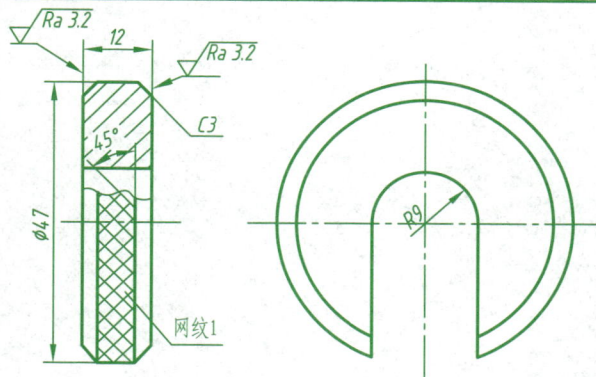

Ra 3.2
12
Ra 3.2
45°
C3
⌀47
R9
网纹1

√Ra 6.3 ( √ )

| 开口垫圈 | | 比例 | 材料 | 图号 |
|---|---|---|---|---|
| | | 1:2 | Q235 | 5 |
| 制图 | | (日期) | | (校名) |
| 审核 | | (日期) | | |

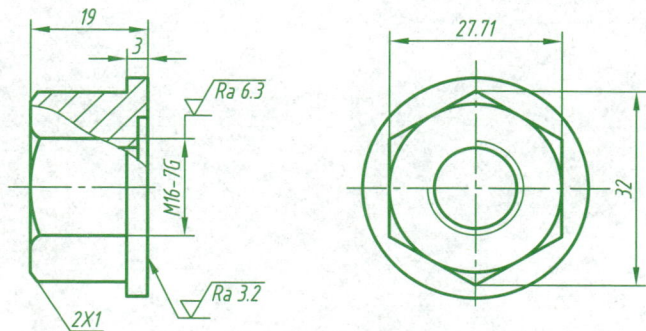

19
3
Ra 6.3
M16-7G
Ra 3.2
2X1

27.71
32

√Ra 12.5 ( √ )

| 特制螺母 | | 比例 | 材料 | 图号 |
|---|---|---|---|---|
| | | 1:2 | Q235 | 6 |
| 制图 | | (日期) | | (校名) |
| 审核 | | (日期) | | |

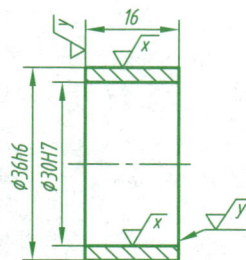

16
y
x
⌀36h6
⌀30H7
x
y

√x = √Ra 3.2
√y = √Ra 1.6

技术要求
调质处理，硬度为38~43HRC。

| 衬 套 | | 比例 | 材料 | 图号 |
|---|---|---|---|---|
| | | 1:2 | 45钢 | 7 |
| 制图 | | (日期) | | (校名) |
| 审核 | | (日期) | | |

班级　　　　　　　　姓名　　　　　　　　学号

# 10.3 机用虎钳装配图的识读

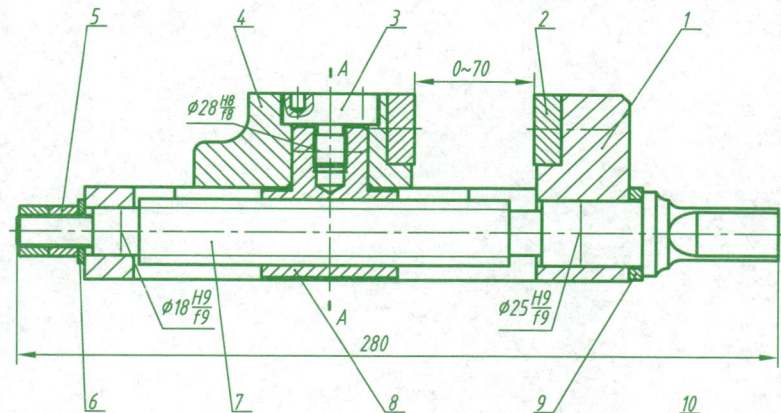

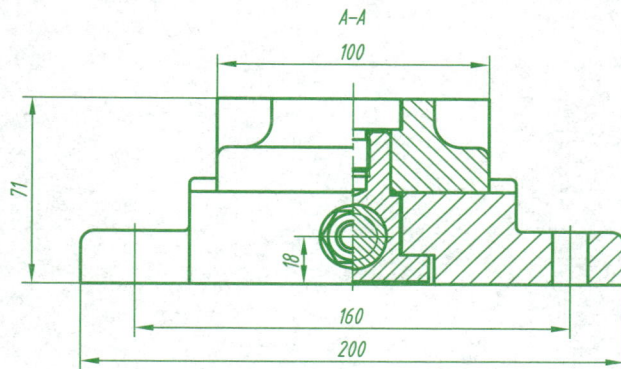

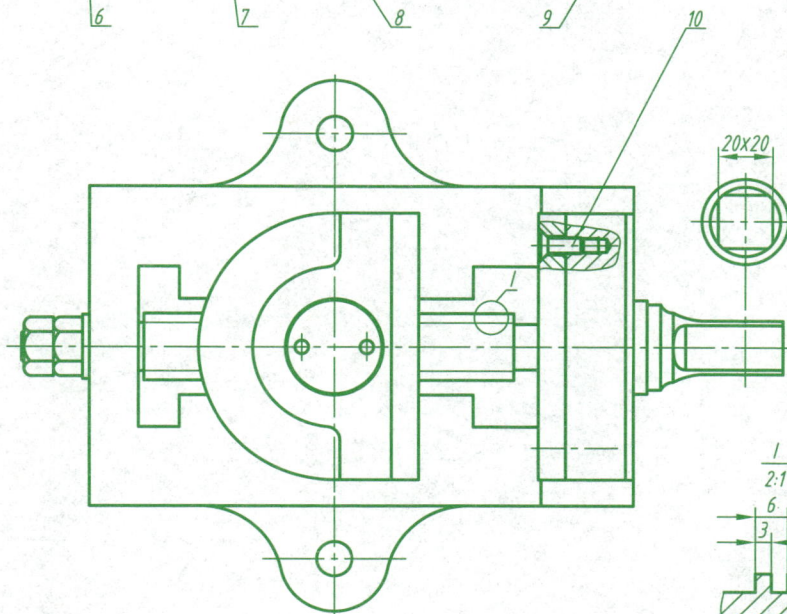

技术要求

1. 钳口对螺杆轴线的垂直度公差为0.03。
2. 移动活动钳口时,钳口不得有冲动或卡住现象。

| 10 | 螺钉M6x16 | GB/T68-2000 | 4 | | |
| 9 | 垫圈 | | 1 | Q235 | |
| 8 | 螺母 | | 1 | 20 | |
| 7 | 丝杆 | | 1 | 45 | |
| 6 | 垫圈12 | GB/T97.1-1985 | 1 | | |
| 5 | 螺母M12 | GB/T6170-2000 | 2 | | |
| 4 | 活动钳口 | | 1 | HT150 | |
| 3 | 固定螺钉 | | 1 | 20 | |
| 2 | 钳口板 | | 2 | 45 | |
| 1 | 固定钳身 | | 1 | HT150 | |
| 序号 | 名 称 | 代 号 | 数量 | 材 料 | 备注 |

机用虎钳

班级　　　　姓名　　　　学号

读机用虎钳装配图，并回答下列问题：

(1) 该装配体共由_____种零件组成。

(2) 该装配图共有_____个图形，它们分别是_____、_____、_____、_____和_____。

(3) 按装配图的尺寸分类，尺寸0～70属于_____尺寸，尺寸160属于_____尺寸，尺寸280、200、71属于_____尺寸。

(4) 零件1与零件2为_____连接，零件5与零件7由是_____连接的。

(5) 局部放大图的表达意图是_____。

(6) 丝杆7旋转时，零件8做_____运动，其作用是_____。

(7) 零件7与零件1左右两端的配合代号是_____，表示它们是_____制_____配合。

(8) 零件4与零件8是通过_____来固定的。

(9) 零件3上的两个小孔有什么用途？



(10) 简述装配体的装拆顺序。



(11) 简述机用虎钳的工作原理。

# 参 考 文 献

[1] 王其昌. 机械制图习题集. 5版. 北京：机械工业出版社，2015.

[2] 金大鹰. 机械制图习题集(机械类专业). 5版. 北京：机械工业出版社，2020.

[3] 胡建生. 机械制图习题集. 2版. 北京：机械工业出版社，2021.

[4] 王云清，王槐德，葛荣成. 机械制图精选试题库. 北京：机械工业出版社，2017.